情報科学基礎

― コンピュータとネットワークの基本 ―

伊東 俊彦 著

ムイスリ出版

まえがき

　本書の前身である「**情報科学入門**」は 2007年に刊行され、改訂版（2009年）、第 2 版（2011年）と版を重ねてきました。この間、数多くの社会人の方、学生の方にご愛顧を賜りましたことに篤くお礼申し上げます。

　このたび、装いも新たに、かつ構成や内容も大きく変わる新本を執筆するように出版社よりお話しをいただき、8 年間を経過する間に情報科学をめぐる環境も大きく変わったため、書名も「**情報科学基礎　—コンピュータとネットワークの基本—**」と変更することにしました。章立ては旧本の 5 章立てから 6 章立てに増やし、特にネットワークとセキュリティ関連の充実に努めました。まず、本書の目的と執筆方針について述べさせていただきます。

　本書の目的は以下の 3 点です。

- ●社会人および学生が**情報科学の基礎的な知識**を修得すること
- ●情報科学の**初学者**として理解しなければならない基礎知識をやさしく学べること
- ●情報科学をより専門的に学習する前の**橋渡し**の役割を果たすこと

　つぎに、本書の**執筆方針**について述べさせていただきます。基本姿勢として、初心者が陥りやすい「**概念形成が不十分なことによる用語理解の困難さ**」をまねかないように、用語が初めてあらわれる場合は、その定義や事例をできるだけ取り上げるようにしています。また、説明はできる限り平易なものとし、理解の妨げとならないように心がけています。

　また、本書では、**情報技術**を単なるコンピュータ技術中心にとらえるのではなく、情報科学の中で、**人間の情報処理を支援する技術**としてとらえています。そのため、**情報そのもの**に関する記述（1 章）や**情報システムの開発**（5 章）にもページをさいています。また情報技術を**社会システム**としてもとらえるようにしています。そのため、**情報システムの活用**（5 章）を取り上げるとともに、**情報セキュリティ**などについて章として独立（6 章）させています。もちろんコンピュータの**ハードウェア技術**についても、**コンピュータの歴史**をはじめとして、各種**標準技術を網羅**（2 章）しています。コン

ピュータの**ソフトウェア技術**については、**データベース**も含めて（3章）います。さらに、情報通信技術の基盤技術として重要な**ネットワーク**（4章）について、一番多くのページをさき、通信技術、ネットワーク技術から**インターネット技術**に関して網羅しています。特に LAN、**無線 LAN** の技術や通信プロトコルの IP version 6 について内容の充実につとめています。昨今は情報の氾濫が叫ばれ、その中で情報の洪水に飲み込まれたり、情報の扱いを間違ってルール違反を起こしたりする社会現象が多発しています。そのようなことを防ぐ知識を身につけるために、**情報セキュリティ**、**情報倫理**、および**著作権**などへの対応（6章）も盛り込んでいます。

　本書は、**社会人やビジネスマン**が**情報科学**や**コンピュータ科学**を学習する際の**入門書**としてご活用いただけます。また、**情報技術を習得する学生**の**テキスト**あるいは**参考書**として使われることも目指しています。文系、理系を含む幅広い学生のニーズに十分答えられる内容となっています。また、読者の知識の定着と学習をスムーズに進められるように、各章の冒頭に、「**本章の概要**」と「**学習目標**」を掲げ、章末には、学習目標に対応した「**演習問題**」を設けています。さらに各章の内容をより深く学習する場合のため、巻末に**参考文献**（基礎、応用）を章ごとに掲げています。

　本書をお読みいただくことにより、**情報科学**について基礎的な知識の習得に役立てていただければ幸いです。

　旧著「情報科学入門」と同様に末永くご愛顧のほどお願い申し上げます。

　本書の企画・出版にあたりムイスリ出版株式会社の橋本有朋氏にたいへんお世話になりました。深く感謝申し上げます。また、本書の基礎となる「情報科学入門」作成にあたってご協力いただいた東北大学経済学部（初版作成時）の綾藤健一、西村律朗の両氏に篤く感謝いたします。

　2015 年 2 月　　　　　　　　　　　　　　　　　　　　　　　著　者

目 次

1. 情報と情報の表現 …………………………… 1

1.1 情報科学と情報 …………………………… 2
1.1.1 情報科学の誕生　2
1.1.2 情報の概念　3
1.1.3 情報の性質　6

1.2 データと情報の基礎 …………………………… 7
1.2.1 データ・情報・知識　7
1.2.2 アナログとディジタル　9

1.3 データと情報の表現 …………………………… 13
1.3.1 数値の表記法　13
1.3.2 整数と実数の表現　20
1.3.3 文字と画像の表現　24
1.3.4 誤り検出　28
1.3.5 情報の表現　29

1.4 情報の伝達とコミュニケーション ……… 31
1.4.1 コミュニケーションの意味　31
1.4.2 コミュニケーションのメディア　32

演習問題 …………………………… 37

2. コンピュータの技術とハードウェア …………… 39

2.1 情報技術とコンピュータ …………………………… 40
2.1.1 情報技術の意味と情報システム　40
2.1.2 コンピュータとはなにか　42

2.2 コンピュータの歴史 …………………………… 42
2.2.1 世界のコンピュータの歴史　43
2.2.2 日本のコンピュータの歴史　50

2.3 コンピュータ関連技術の発展 ………………… 51
　2.3.1 チューリングとノイマンの技術　51
　2.3.2 コンピュータ素子の発展　52
2.4 コンピュータのハードウェア ………………… 60
　2.4.1 ハードウェアの構成要素　60
　2.4.2 入出力関連技術　71
　2.4.3 パソコンとワークステーションの発展と
　　　　最近の動向　76
　2.4.4 論理回路の基礎　81
　2.4.5 命令の基礎　86
演習問題 ………………………………………………… 90

3. ソフトウェアとデータベース ……………… 91

3.1 ソフトウェアの基礎 …………………………… 92
　3.1.1 ソフトウェアとはなにか　92
　3.1.2 ソフトウェアの種類　93
3.2 アルゴリズムとプログラム …………………… 99
　3.2.1 アルゴリズム　99
　3.2.2 プログラムの基礎　102
3.3 プログラム設計とプログラミングの技術 …… 110
　3.3.1 構造化設計　110
　3.3.2 構造化プログラミング技法　112
　3.3.3 オブジェクト指向プログラミング技法　113
3.4 ソフトウェア関連の技術者 …………………… 114
3.5 データベースの基礎 …………………………… 116
　3.5.1 データベースとはなにか　116
　3.5.2 データモデル　117
　3.5.3 データベース管理システム　123
　3.5.4 スキーマの概念　124
演習問題 ………………………………………………… 126

4. ネットワーク ……………………… 127

4.1 ネットワークとはなにか ……………… 128
- 4.1.1 ネットワークの意味　128
- 4.1.2 ネットワークの種類　128

4.2 ネットワークの基礎技術 ……………… 137
- 4.2.1 交換方式とLANの制御方式　137
- 4.2.2 LAN関連のネットワーク機器　145
- 4.2.3 クライアントサーバシステム　146

4.3 ネットワークアーキテクチャ …………… 147
- 4.3.1 通信プロトコルと
    ネットワークアーキテクチャ　147
- 4.3.2 OSI基本参照モデル　148
- 4.3.3 TCP/IP　149
- 4.3.4 IPアドレスと関連機能　154
- 4.3.5 IPv6とIPアドレス　160

4.4 インターネット技術の基礎 ……………… 164
- 4.4.1 インターネットとはなにか　164
- 4.4.2 インターネットの変遷　165
- 4.4.3 インターネットの基礎技術　167
- 4.4.4 インターネットの応用技術　171

演習問題 ……………………………………… 180

5. 情報システムの開発と活用 ……………… 181

5.1 情報システムの開発 …………………… 182
- 5.1.1 情報システムとシステム開発　182
- 5.1.2 システム開発のモデル　185

5.2 情報システムの活用 …………………… 192
- 5.2.1 情報社会と情報システムの変遷　192
- 5.2.2 ビジネスと情報システム　196

5.2.3　情報ネットワークシステム　201
　　　5.2.4　行政・自治体のネットワークシステム　205
　5.3　電子商取引 ················· 206
　　　5.3.1　電子商取引とはなにか　206
　　　5.3.2　電子商取引の種類　207
　　　5.3.3　電子商取引の留意点　210
　演習問題 ·························· 214

6. セキュリティと情報倫理 ············· 215

　6.1　情報セキュリティのマネジメント ········ 216
　　　6.1.1　情報セキュリティの要素　216
　　　6.1.2　情報資産の脅威と脆弱性　217
　　　6.1.3　情報セキュリティポリシー　218
　　　6.1.4　情報セキュリティマネジメント　219
　6.2　情報セキュリティ対策 ············ 221
　　　6.2.1　情報資産のリスク評価　221
　　　6.2.2　情報セキュリティ対策の方針　222
　　　6.2.3　コンピュータ利用に関するアクセス管理　224
　　　6.2.4　暗号化技術　227
　　　6.2.5　コンピュータウイルスなどへの対策　232
　6.3　情報セキュリティの国際標準と法制度 ···· 236
　　　6.3.1　情報セキュリティの国際標準　236
　　　6.3.2　情報セキュリティ関連の法制度　238
　6.4　情報倫理と情報活用の留意点 ········· 239
　　　6.4.1　情報倫理とはなにか　239
　　　6.4.2　情報活用への配慮　241
　　　6.4.3　知的財産権とプライバシー　243
　　　6.4.4　著作権　247
　演習問題 ·························· 250

参考文献 ………………………………………… 251
索 引 …………………………………………… 253

本書に登場する製品名は、一般に各開発メーカの商標または登録商標です。
なお、本文中には™および®マークは明記しておりません。

1. 情報と情報の表現

■■ 本章の概要 ■■

　本章では、情報と情報科学との位置づけを確認したうえで、私たちが日常よく使っている「情報」という用語はどのような意味をもつのかについて考えます。また、情報と比較される用語の「データ」や「知識」について、その違いを取り上げます。さらに、コンピュータにおけるデータや情報の表現のしかたについておさえます。最後に、情報の伝達をコミュニケーションの視点からとらえるコミュニケーションメディアについて取り上げます。

学習目標

- 情報とはなにかを説明できる
- データ、情報、知識の違いを説明できる
- アナログとディジタルの違いを説明できる
- A-D 変換と D-A 変換の違いを説明できる
- 2 進数・10 進数・16 進数の値の表現方法と相互変換を説明できる
- 整数や実数の表現方法を説明できる
- 文字や画像の表現方法を説明できる
- 誤り検出方式のうちパリティチェック、チェックサムおよび CRC チェックを説明できる
- 情報量の表現方法を説明できる
- コミュニケーションの意味について説明できる
- コミュニケーションメディアの種類と特徴について説明できる

1.1　情報科学と情報

1．1．1　情報科学の誕生
（1）情報科学とは

　情報の性質・構造・論理を、生成・伝達・変換・認識・利用の観点から探求すること、また、コンピュータなどの情報機械の理論・応用を研究する学問です（広辞苑）。情報の本質を各種観点から探求する面と、コンピュータ中心の情報を処理する機械の理論や情報の応用を探求するという2面を含むものが情報科学といえます。では、情報科学はいつ頃誕生したのか自然科学の面からみていきます。

　自然科学は自然に属する諸対象を取り扱い、その法則性を明らかにする学問とされています（広辞苑）。20世紀前半までの自然科学では、物質とエネルギーがその基礎概念となっていました。その後20世紀半ばに、自然科学の基礎概念に情報が加えられ、情報の視点から自然科学全体をとらえるような新しい学問である情報科学が誕生しました。

（2）情報科学の先駆者

　米国の2人の科学者・数学者の個別の研究から情報科学が誕生したとされています。**ノバート・ウィナー**は1948年に、動物の神経系と機械の制御系の類似性に着目し、情報の概念を含む通信と制御を取り扱う統一的な理論の『**サイバネティックス**』を著しました。同じ1948年に**クロード・シャノン**は、情報の量としての概念を探求し、情報を能率よく伝達する方法などを数学的に証明した『**通信の数学的理論**』を著しました。ウィナーは、情報を動物の神経系や機械の制御系のアナロジー（類似性）としてとらえる研究をしたのに対して、シャノンは、情報の量的性質をとらえて、正確かつ能率よく情報を伝えるための研究をしたのです。同じ情報という対象について、まったく異なる2人の研究から発展した学問が、当時登場したコンピュータの発明とともに、**情報理論**として結実し、やがて情報理論を基礎概念とする**情報科学**が自然科学の要素のひとつを占めるようになりました。

　現在では、情報科学の分野は自然科学に留まらず、人文科学や社会科学の分野にも適用する幅広い学問となっています（図1-1）。

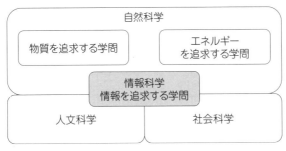

図 1-1　情報科学と各種科学との関係

1.1.2　情報の概念

(1) 情報とは

情報の語源はラテン語のインフォマーレ（infomare）といわれ、「あるものに**形を与えること**」とされています。現代的意味の情報は、ある物事の内容や事情についての知らせ、また、文字・数字などの記号やシンボルの媒体によって伝達され、受け手に状況に対する知識や適切な判断を生じさせるものです（大辞泉）。このように、情報には「**知らせ**」の側面と、受け手になんらかの判断などを生じさせる「**影響**」の側面の2つがあります。

たとえば、新聞・ラジオ・テレビなどからニュースを見たり聞いたりすることは、情報の知らせとしての側面が中心です。しかし、ニュースを見たり聞いたりすることで、ある判断をすることになれば、情報の判断への影響の側面になります。このように情報は、多面的な性質をもっています。

(2) 情報という用語の起源

英語のインフォメーション（information）の訳の情報が最初と思われがちですが、**インフォメーション**は現在の情報と異なる和訳（下記）となっていました。最初は、フランス語の**ランセニュマン**（renseignement）の訳としての**情報**といわれています（1871年）。敵情を報知する言葉として**敵情報知**と訳され、それを略して**情報**という言葉が造語されました[1]。つぎは、ドイツ留学中の**森鷗外**が1888年に、クラウゼヴィッツ著『戦争論』の解説の中で、

---

[1] 『仏国歩兵陣中要務実地演習軌典抄』（1871年に和訳）にその記載がみられます。

ドイツ語の**ナハリヒト**（nachricht）を情報と和訳したとされています。ただし彼は、ドイツで講義中に使用したので、書物としての刊行は13年後の1901年になります[2]。一般に情報という用語が使われだしたのは、日清戦争（1894年〜1895年）の新聞報道からとされています。

英語の**インフォメーション**は、日本初の英和辞書の『英和対訳袖珍辞書』（1862年）では「教工、告知、手術、了解、訴える事など」と和訳されています。『熟語本位英和中辞典』(1916年) では、**インテリジェンス**（intelligence）が情報と和訳されています。インフォメーションが**情報**と初めて訳されたのは、1921年の『大英和辞典』からでした。

(3) 情報の意味

情報のような基本的な概念は各種の意味をもち、ひとつに限定できませんが、ここでは5種類の代表的な意味とその事例を取り上げます。

① 人と人とのあいだで伝達されるいっさいの**記号の系列**を意味するもの
文字・数字などの記号やシンボルであらわしたもののことです。

② **あることがらについての知らせ**
新聞・ラジオ・テレビなどからのニュースのことです。

③ 単なる数字や記号の羅列であるデータに、状況や条件など各種の文脈を付加し、**意味のあるデータ**に転換したもの
コミュニケーションにおけるメッセージ（データ）にコンテキスト（文脈）を付加して意味づけしたもののことです。

④ 物質およびエネルギーが構成する**パターン（秩序）**
情報のもっとも幅広い意味で、たとえば本は、紙の上に文字などを印刷したもので、インクという物質の色素が構成するパターンである文字や画像が、情報としての意味をもたらしているということです。また遺伝を司る中心的存在である DNA（デオキシリボ核酸）における塩基の配列のしかたであらわされる**遺伝子情報**もこれにあたります。

⑤ **あいまいさの程度**を計る尺度
前記したシャノンによる情報の研究にあたるもののことです。適切な情報の量が増えるということは、事象（ことがら）に対するあいまいさの程度を低減することになるからです。

---

[2] 1901年に陸軍小倉12師団司令部から和訳書が出されています。

(4) 人間の情報処理

人間は情報を処理する動物である、ということができます。では、人間の情報処理はどのようにおこなわれるのでしょうか。

人間は、自然界（または環境）のあらゆる事象から五感（視覚・聴覚・嗅覚・味覚・触覚）をとおして情報を入手し、その情報を処理・加工・蓄積したり、他者へ伝達したりできます。これらは**コミュニケーション**（1.4節 情報の伝達とコミュニケーション）の中心概念に位置づけられるものです。

図1-2に示すように、情報を入手する対象には、自然（または環境）や他の人間がつくったもの（人工物・思想）があげられます。新聞・雑誌・書籍などの紙媒体メディアや、映画・ラジオ・テレビ・インターネットなどのマルチメディア（複合媒体）から入手する場合もあります。人間は入手した情報を加工したり、メディアを利用して表現したり、その情報を他者に伝えたりする情報処理の活動をしています。

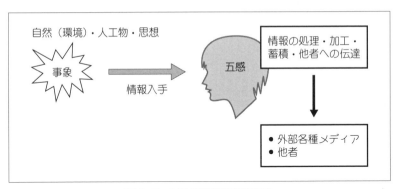

図1-2 人間の情報処理概念図

人間は単独または複数で、情報を処理する活動をしたり、各種の道具や機械を使って情報を処理したりしています。現代では情報を要素として取り扱うシステム（**情報システム**）を使うことで、人間の情報処理が大きく支援されています。その場合、人間は情報システムの利用者となります。また、人間が自らおこなう情報処理では、人間が情報システムそのものとなります。このように道具、機械、情報システムの使用の有無にかかわらず、まさに人間は情報を処理する動物といえます。

1．1．3 情報の性質

情報には物質とは違う下記のような各種の性質がみられます。

(1) 非移転性

情報は、他者へ与えても自分の元からなくなりません。情報そのものは移転されないという性質をもちます。たとえば、あなたが仕事の情報を同僚に伝えても、その情報はあなたにも残っています。

(2) 非消耗性

情報は、何回利用しても減ることがありません。モノは使えば減りますが、情報は元のままを保ち消耗しないという性質をもちます。たとえば、知人の電話番号という情報は、何回利用しても減ることなく元のままを保ちます。

(3) 相対性

情報は、受け手があらかじめもっている情報の対象に対する不確実さの状態をどの程度減少させるかによって決まる相対的な性質をもちます。不確実さを大きく減少させる情報ほど、受け手にとって価値が高いといえます。しかし、減少の度合いは相対的なため絶対的な基準で測ることはできません。

(4) 個別性

情報は、それを受け取る人の受け取り方により価値が変わります。同じ情報であっても好意をもっている人からの情報は、より好ましい情報として受け取られます。このようにやりとりする人との関係や個人の性格により、情報の価値が左右されるという性質をもちます。

(5) 伝達性

情報は、伝達されないとその価値がわかりません。伝達されて初めて価値がわかるという性質をもちます。たとえば有償で情報を入手する際に、その価値を事前に知ることができず想定するしかないという問題があります。

(6) 非対称性（偏在性）

複数の当事者間でもっている情報の量は同じではなく、差があるという性質です。この非対称性は偏在性ともいわれます。偏在性は、情報が偏って存在するという意味になります。たとえば情報をもっている人ともっていない人との間に**情報格差（ディジタルディバイド）**という社会問題があります。

しかし情報の偏在性があるため、情報をもたない人に情報を与えることがビジネスとして成り立つことにもなります。情報産業はこの情報の遍在性を基本にしているともいえます。

・情報の遍在

遍在は、偏在と反対ともいえる概念であり、情報がいたるところに存在するということです。情報は偏在性をもちますが、情報技術を活用することにより、偏って存在する問題を大きく解決できるようになります。情報がいたるところに存在することを**ユビキタス**ともいいます。必要な情報を必要なときに、いたるところから入手できるようにするため**ユビキタスネットワーク**[3]が注目されています。

1.2 データと情報の基礎

1.2.1 データ・情報・知識

われわれは、ものごとの詳細を**データ**とよんだり、**情報**とよんだりすることがあります。また、本を読むことにより**知識**を獲得するといったり、情報を獲得するといったりします。このように、データ・情報・知識は似た概念ですが、それぞれどのような違いがあるのかをここでは取り上げます。

（1）データ

データは、数値、文字あるいは記号などの単なる集合であり、それを受けとる人あるいは扱う人にとって意味のないものです。データを扱う人が、そこからなんらかの**意味**をみいだしたとき、データは**情報**とよばれます。

たとえば、単なる数字の 10、12、14 をみただけでは 0、1、2、4 の数字を使った 3 つのデータととられます。しかし、そのデータが建物の外部におかれた温度計の値であるとわかれば、それは外気の温度という情報になります。

データか情報かを決めるのは、それを受けとる人間がどのようにとらえるかにより決まります。なにも意味づけしていない場合はデータととられますし、意味づけがあれば情報ととられます。

---

[3] ユビキタスネットワークとは、『いつでも、どこでも、何でも、誰でもアクセスが可能なネットワーク環境のこと』とされています。（情報通信白書、平成 20 年版）

（2）情報

情報をつくりだす源泉がデータであり、データになんらかの意味（前記した外気の温度という意味）が付与されたものが情報ということになります。

（3）知識

関連した情報が集められ、関係づけられて**体系化**されたものを知識といいます。知識をつくりだす源泉が情報であり、知識は情報からつくられたものです。

前記の外気の温度は情報ですが、それが20分ごとに起きた外気温の変化ということまでわかれば、外気の温度、20分ごとの温度変化という情報が関係づけられることにより、「外が急速に暖かくなっている」という知識に変わります。それにより、われわれは外出するときの服装を選ぶひとつの判断基準とします。

このように知識とは、ある状況における普遍的な真実といい換えられます。そのため知識は、われわれが行動を起こす際の判断基準の基となります。

（4）データ・情報・知識の関係

データ・情報・知識の関係をまとめると、以下のようになります。

- **データ**：数値あるいは文字や記号などの単なる集合であり、それを受けとる人あるいは扱う人にとって意味が付与されていないもの
- **情　報**：データになんらかの意味が付与されたもの
- **知　識**：情報が集められ、関係づけられて体系化されたもの

なお、**情報の経済学**を研究した**マクドノウ**はデータ・情報・知識について以下のように定義しています。

- **データ**：評価されていないメッセージ
- **情　報**：データに加えて、特定の状況における評価を含むもの
- **知　識**：データに加えて、将来の一般的な使用の評価を含むもの

マクドノウは、このように**評価**を要素として、データ・情報・知識を分類していますが、これら3つは明確に区別できるものではなく、連続したものとしています。また情報と知識は交換可能な用語として扱っています。

つぎに、**知識産業**を提唱した**マッハルプ**は、情報と知識をわけずに両方と

も同じとしています。すなわち、あるときは情報とよび、あるときは知識とよぶことで、両者を明確に区別せず共通に扱うことを提唱しています。

本書では、データ・情報・知識を意味づけや体系化で区別します（図1-3）。

図1-3 データ・情報・知識の関係

意味づけを横軸、体系化を縦軸にとると、データ・情報・知識は図1-4のようになります。なお、データの関係を体系化したものは**データベース**（3.5節 データベースの基礎）とよばれます。

図1-4 データ・情報・知識・データベースの関係

1.2.2 アナログとディジタル

重さ、長さ、音、温度、時間など連続的に変化する量を**アナログ量**といいます。それに対して、たとえば、時間を数字であらわすディジタル時計の数字は**ディジタル量**といいます。また、これらを信号の視点からみると、アナログ信号とディジタル信号といいます。ここではアナログとディジタルの語源とその概念、およびアナログとディジタル間の変換について取り上げます。

(1) **アナログ**（analog）

アナログは、「相似のもの」という意味です。

たとえば、**アナログ式体重計**では、重さを体重計の針の位置に相似させて示しています。アナログ式時計では時間を時計の針の位置に相似させて示しています。このように重さ、長さ、音、温度、時間などのアナログ量をそれと比例する連続量であらわすことをアナログ表示といいます。

計算器の分野では、原始的なアナログ計算器として手で操作する**計算尺**（図1-5）があります。計算尺は、数値を対数表記した3つの物差し状のものを使い、乗算を加算に、除算を減算に変換して計算できます。そのため、電卓が普及するまでは、ソロバンと同様に個人用計算器としてよく使われていました。現在では電卓が安くなり、計算の精度も高くとれるため、計算尺はほとんど使われなくなりました。

図1-5 計算尺

初期の電子式計算機の中には、アナログ信号を直接扱う**アナログ式計算機**もありましたが、現在ではほとんど使われていません。その理由は、ディジタルで計算する電子計算機（ディジタル式計算機）は、プログラムにより各種の処理が容易におこなえること、および計算の精度がアナログ式計算機よりはるかに高いためです。

（2）**ディジタル**（digital）

ディジタルという用語は、指や数を意味する**ディジット**が語源です。たとえば、鉛筆は1本、2本と指折りで数えられます。このように、1つ2つと数えられる量を**ディジタル量**といいます。また、重さ、長さ、音、温度、時間などは刻々と連続変化している物理量ですが、これをある瞬間でとらえて、あらかじめ決められた範囲で近似して数字であらわすことを**ディジタル化**といい、そうしてあらわされた量もディジタル量です。

たとえば、重さ1グラム単位でディジタル表示する**電子秤**（図1-6）は、重さを1グラムの範囲で近い値に近似して数字で表示します。モノの重さが120.3グラム近辺であれば、120グラムとディジタル表示します。

このようにディジタル化すると、その後は数字で扱うことができ、たいへん便利です。なぜならば、重さ、長さ、音、温度、時間などのアナログ量も、ディジタル量に変換すれば、各種の計算処理が容易になるからです。また一度数字に変換すれば、**ノイズ**（不要な情報）に強いという特徴もあります。アナログ量のままではノイズの影響を受けやすく、アナログ量の値が簡単に変わってしまうという欠点があります。

（3）アナログ-ディジタル間の変換

① アナログ-ディジタル変換（A-D 変換）

a．電子秤

電子秤は、特殊な変換素子を使い、重さをそれに比例する電気的なアナログ量（電圧または電流の強弱）に変換します。つぎにアナログ量を2進数の数値（ディジタル量）に変換します。このように、アナログ量をディジタル量に変換することを**アナログ-ディジタル変換（A-D 変換）**といいます。また、アナログ量から2進数などへ変換することを**量子化**といいます。電子秤は、2進数に変換された値を表示回路と表示器により、10進数に変換後、10進数のグラム単位で表示します。

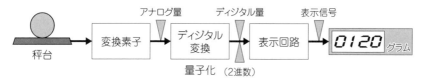

図1-6 電子秤（A-D変換の例）

b．CD（Compact Disc）の作成

CDを作成する場合は、まず音をマイクとアンプで電気的なアナログ量に変換します。音のように常時変化する場合は、変換したアナログ量の値を一定周期ごとに抽出する**標本化**とよばれる操作をおこないます。標本化の周期[4]は、もっとも高い音（20kHz）の2倍以上の周波数の周期である 22.7μs になります。つぎに、標本化の出力であるアナログ

---

[4] 変化する音の周波数の2倍以上の周期で標本化すれば、もとの音を再現できるとされています。そのため、CDの標本化周波数は 44.1kHz（周期：22.7μs）となります。

量を 2 進数の数値に変換（**量子化**）します。この操作は電子秤と同様の**アナログ-ディジタル変換（A-D 変換）**ですが、CD の場合は標準化された 16 ビットの 2 進数に変換（コード化といいます）します。コード化された 2 進数の 0 と 1 を CD 上の溝の凹凸に対応するように、CD スタンパをもちいてディジタル量を記録し、CD が製造されます。

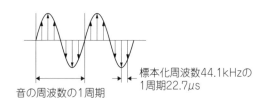

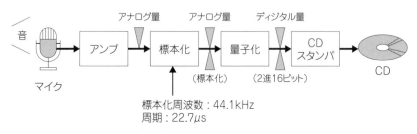

図 1-7 CD の作成（A-D 変換の例）

② **ディジタル-アナログ変換（D-A 変換）**

CD プレーヤでは、まず CD 上の溝の凹凸を CD のヘッドのレーザ光線の反射で読み出し、0 または 1 のディジタル量に置き換えます。このディジタル量を**符号化**（コード化）して 16 ビットの 2 進数にします。この 2 進数の値から標本化周波数の周期（$22.7\,\mu s$）で、16 ビットの 2 進数に対応する電気的なアナログ量（電圧または電流の強弱）に変換します。このように、ディジタル量をアナログ量に変換することを**ディジタル-アナログ変換（D-A 変換）**といいます。つぎに、CD プレーヤの出力（電気的なアナログ量）をオーディオアンプに入力し、増幅してスピーカを駆動し、最終的に音（アナログ量）を出力します。

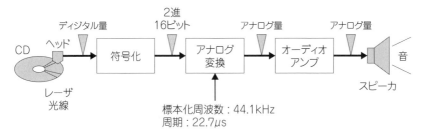

図1-8 CDプレーヤ（D-A変換の例）

1.3 データと情報の表現

1.3.1 数値の表記法

コンピュータは、0と1の2進数を扱います。そして0と1の2進数で四則演算などをおこなっています。ここでは数値の表記法である位取り記法をみたのち、2進数-10進数間の変換などを取り上げます。

（1）10進法と位取り記法

われわれは、ふだん **10進法**（decimal）を使います。10進法であらわされた数を **10進数**（decimal number）といいます。たとえば、10進数の123は、つぎの式1-1であらわされる数であることをよく知っています。

$$123 = 1 \times 10^2 + 2 \times 10^1 + 3 \times 10^0 \qquad (式1-1)$$

式1-1の10^2は百の位、10^1は十の位、10^0は一の位（$10^0 = 1$のため）になります。式1-1の左辺（123）のように数字を横に位取りして並べ、任意の数をあらわす方法を**位取り記法**といいます。位取り記法は数をあらわすのに大変便利なため、10進数だけでなく2進数以上の数によく使われます。

位取り記法における各位の数にあたるものを**係数**といいます。式1-1の123では、1、2、および3がそれぞれ係数です。

さて10進数のひとケタは、0から9までの10種類の数字の状態をあらわせるので、10が10進数の基数となります。式1-1の右辺は基数の10を使ってあらわした（基数表記）式になります。

位取り記法によるnケタの10進数を基数表記した一般式が式1-2です。

$$a_1 a_2 \cdots a_{n-1} a_n = a_1 \times 10^{n-1} + a_2 \times 10^{n-2} + \cdots + a_{n-1} \times 10^1 + a_n \times 10^0 \qquad (式1-2)$$

(2) 2進法と2進数-10進数間の変換

① 2進法の表記法

2進法 (binary) であらわされた数を**2進数** (binary number) といいます。2進数のひとケタは、0または1の2種類の数字ですから、2進数の基数は2となります。また2進数の係数は0または1となります。

表1-1のように、10進数の0と1は2進数でも同じ表記となります。しかし、10進数の2は、2進数では10と2ケタになります。そこで10が、10進数か2進数かを区別するため、10進数の10は、10とそのまま表記しますが、2進数の10は 10_2 と表記します[5]。

なお、2進数ひとケタを**ビット** (bit) とよびます。ビットはバイナリ・ディジット (binary digit) からつくられた造語です。また、通常8ビットを1単位として**バイト** (byte) とよびます。

② 2進数-10進数変換

2進数を基数表記してみます。たとえば、2進数の 1101_2 を基数の2を使ってあらわすと式1-3（上段右辺）になります。

$$1101_2 = 1 \times 2^3 + 1 \times 2^2 + 0 \times 2^1 + 1 \times 2^0 \quad \text{（式1-3）}$$
$$= 8 + 4 + 0 + 1$$
$$= 13$$

この13は、2進数の 1101_2 を10進数に変換した数値になります[6]。

2進数を10進数に変換するには、2進数を基数表記し、その計算結果を求めればよいことになります。

2進数から10進数へ変換したnケタの一般式を式1-4に示します。

表1-1　10進数と2進数

10進数	2進数
0	0
1	1
2	10
3	11
4	100
5	101
6	110
7	111
8	1000
9	1001
10	1010

---

[5] 10_2 のように下付き数字を使う表記の他に、$10_{(2)}$ とかっこ付きで表記する場合があります。本書では下付き数字を採用します。
[6] 2進数を基数表記になおすことは、2進数を重み付きであらわすことになります。基数表記の式は、10進法で表現しますので、計算結果は10進数になります。

$$(a_1 a_2 \cdots a_{n-1} a_n)_2 = a_1 \times 2^{n-1} + a_2 \times 2^{n-2} + \cdots + a_{n-1} \times 2^1 + a_n \times 2^0 \quad (\text{式 1-4})$$

③ **任意の進数から 10 進数への変換**

ここでは任意の進数から 10 進数への変換を考えます。

nケタの 2 進数の一般式（式 1-4）の基数(2)を、任意の基数(m)に変えると、任意の m 進数から 10 進数へ変換するための式 1-5 がえられます。

$$(a_1 a_2 \cdots a_{n-1} a_n)_m = a_1 \times m^{n-1} + a_2 \times m^{n-2} + \cdots + a_{n-1} \times m^1 + a_n \times m^0 \quad (\text{式 1-5})$$

式 1-5 の m を 8 とすると、8 進数から 10 進数への変換が、m を 16 とすると、16 進数から 10 進数への変換ができます。

④ **小数の 2 進数-10 進数変換**

つぎに、2 進数の小数から 10 進数への変換を考えます。小数であっても 2 進数を基数表記すればよいわけです。たとえば 2 進数の 110.101 を 10 進数に変換する式は式 1-6 のようになり、6.625 が求められます。

$$110.101_2 = 1 \times 2^2 + 1 \times 2^1 + 0 \times 2^0 + 1 \times 2^{-1} + 0 \times 2^{-2} + 1 \times 2^{-3} \quad (\text{式 1-6})$$
$$= 4 + 2 + 0 + 0.5 + 0 + 0.125$$
$$= 6.625$$

⑤ **10 進数-2 進数変換**

前例②の 10 進数の 13 を 2 進数に変換します。前記から、10 進数の 13 は 2 進数の 1101_2 となります。1101_2 を基数を使ってあらわした式 1-3 を変形した式 1-7 を示します。

$$1 \times 2^3 + 1 \times 2^2 + 0 \times 2^1 + 1 \times 2^0 = (1 \times 2^2 + 1 \times 2^1 + 0) \times 2^1 + 1 \times 2^0 \quad (\text{式 1-7})$$

式 1-7 の右辺の($1 \times 2^2 + 1 \times 2^1 + 0$)を計算すると 6 になります。これは、左辺を基数の 2^1（すなわち 2）で割った**商の 6** のことです。また右辺の 1×2^0 は計算すると 1 になります。これは**余りの 1** のことです。つまり 10 進数の 13 を 2 で割った**商が 6** で**余りが 1** であることを示しています。同じように商の 6 を 2^1 で割ると、**商が 3** となり、**余りが 0** となります（式 1-8）。

$$1 \times 2^2 + 1 \times 2^1 + 0 = (1 \times 2^1 + 1) \times 2^1 + 0 \times 2^0 \quad (\text{式 1-8})$$

さらに商の 3 を 2 で割ると**商が 1 で余りが 1** になります。最後に商の 1 を 2 で割ると**商が 0 で余りが 1** になります。

このように、10 進数を 2 進数の**基数の 2 で割りその余りを求め**、さらにその**商を 2 で割る**ということを繰り返していき、その**余りを順に、下ケタから表記**すると、それが**変換された 2 進数**になります。この計算方法を図 1-9 に示します。このようにして、任意の 10 進数を 2 進数に変換できます。

```
2 )  13      余り
2 )   6 …… 1
2 )   3 …… 0
2 )   1 …… 1
      0 …… 1

13₁₀ = 1101₂
```

図 1-9　10 進-2 進変換

⑥ **小数の 10 進数-2 進数変換**

10 進数の小数から 2 進数への変換を考えます。たとえば 10 進数の 6.625 を 2 進数に変換するにはまず、整数部分を 2 進数に変換します。前記⑤で示した方式で、6 は 2 進数の 110_2 となります。つぎに残りの 0.625 を 2 進数に変換します。

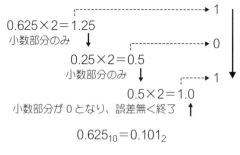

$$0.625_{10} = 0.101_2$$

図 1-10　10 進(小数)-2 進変換

図 1-10 のように小数第 1 位から 2 を掛け、結果の 1 または 0 を取り出し、残りに 2 を掛けていきます。小数部分が 0 となれば**誤差無く終了**します（しかし一般には**誤差が出ます**）。小数部分は**上から下に表記**します。上記の 2 つの変換結果を組み合わせると、6.625_{10} = 110.101_2 となります。

(3) 16進法

① 16進数-10進数変換

16進法 (hexadecimal) であらわされた数を 16進数 (hexadecimal number) とよびます。

表1-2に示すように、16進数のひとケタは、0から9までの10種類の数だけではあらわせません。それ以外にあと6種類の数字が必要ですが数字はないため、AからFまでの文字を数字の代わりに使い、16種類の数値をあらわします。そのため16進数の基数は16になります。

ここで、式1-5のmを16とおくと、16進数から10進数への変換の一般式の式1-9がえられます。

表1-2 10進数と16進数

10進数	16進数
0	0
1	1
2	2
3	3
4	4
5	5
6	6
7	7
8	8
9	9
10	A
11	B
12	C
13	D
14	E
15	F
16	10

$$(a_1 a_2 \cdots a_{n-1} a_n)_{16} = a_1 \times 16^{n-1} + a_2 \times 16^{n-2} + \cdots + a_{n-1} \times 16^1 + a_n \times 16^0 \quad (式1\text{-}9)$$

例として、16進数の $89A_{16}$ を10進数に変換してみます。

式1-9に $89A_{16}$ を代入すればよいので、その結果つぎの式がえられます。

$$89A_{16} = 8 \times 16^2 + 9 \times 16^1 + A \times 16^0 = 2,048 + 144 + 10 = 2,202$$

ゆえに $89A_{16} = 2,202$ となります。

② 10進数-16進数変換

10進数を16進数に変換するには、10進数を2進数に変換したときに、基数の2で割ったのを応用すればよいわけです。すなわち、16進数の基数の16で割り、商と余りを求めればよいのです。

```
16 ) 2,202        余り
16 )  137  ……  10 → A
16 )    8  ……   9
        0  ……   8

2,202₁₀ = 89A₁₆
```

図1-11 10進-16進変換

前例の①とは反対に、10進数の **2,202** を16進数に変換してみます。

図1-11に示すように、**89A**$_{16}$ が求まります。このようにして任意の10進数を16進数に変換します。

（4）2進数-16進数間の変換

つぎに2進数と16進数間の変換をおこないます。まず、2進数から16進数への変換です。

① 2進数-16進数変換

表1-3に示すように、2進数の4ビット（4ケタ）が16進数の1ケタに対応します。そこで2進数から16進数へ変換するときは、2進数を右端から4ビット単位で区切り、16進数の各ケタへ読み替えればよいわけです。

たとえば、**10101011**$_2$ を16進数へ変換してみます。図1-12に示すように右端から4ビットごとに区切り、それぞれを16進数の各ケタへ変換します。結果は左端からA、Bとなります。すなわち、2進数の **10101011**$_2$ を16進数へ変換すると **AB**$_{16}$ となります。

このようにして、任意の2進数を16進数へ変換できます。

表1-3　2進数と16進数

2進数	16進数
0	0
1	1
10	2
11	3
100	4
101	5
110	6
111	7
1000	8
1001	9
1010	A
1011	B
1100	C
1101	D
1110	E
1111	F
10000	10

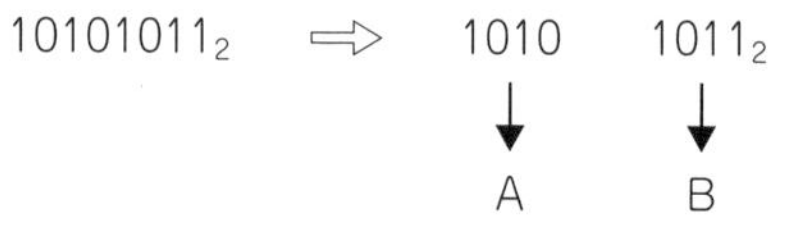

```
10101011₂   ⇒    1010   1011₂
                   ↓      ↓
                   A      B
```

図1-12　2進-16進変換

② 16進数-2進数変換

16進数から2進数へ変換するには、2進数-16進数変換の反対になります。前記①の16進数の **AB**$_{16}$ を2進数へ変換します。図1-13に示すように16進数の右端から各ケタを2進数の4ビットに置き換え、それを続けて読めばよいわけです。16進数の **AB**$_{16}$ を2進数へ変換すると **10101011**$_2$ とな

ります。このようにして、任意の 16 進数を 2 進数へ変換できます。

図 1-13　16 進-2 進変換

（5）2 進化 10 進法

2 進数の 4 ビットで数の 0〜9 をあらわす方法を **2 進化 10 進法**（Binary Coded Decimal：BCD）といいます。

2 進数の 4 ビットを 10 進数の 1 ケタに対応させて、0〜9 のみを使い、A〜F（1010〜1111）は使いません。このようにすると、2 進数-10 進数の変換が簡単になるため、事務計算などで 2 進化 10 進法を使うことがあります。表 1-4 に 10 進数、2 進化 10 進数、16 進数の比較を示します。この表の「-」の箇所は使わない組合せとなります。

表 1-4　10 進数、2 進化 10 進数と 16 進数

10進数	2進化10進数			16進数		
0	0000	0000	0000	0	0	0
1	0000	0000	0001	0	0	1
2	0000	0000	0010	0	0	2
3	0000	0000	0011	0	0	3
:	:	:	:	:	:	:
8	0000	0000	1000	0	0	8
9	0000	0000	1001	0	0	9
-	-	-	-	0	0	A
-	-	-	-	0	0	B
-	-	-	-	0	0	C
-	-	-	-	0	0	D
-	-	-	-	0	0	E
-	-	-	-	0	0	F
10	0000	0001	0000	0	1	0
:	:	:	:	:	:	:
19	0000	0001	1001	0	1	9
-	-	-	-	0	1	A
:	:	:	:	:	:	:
99	0000	1001	1001	0	9	9
-	-	-	-	0	9	A
-	-	-	-	0	9	B
:	:	:	:	:	:	:
-	-	-	-	0	F	F
100	0001	0000	0000	1	0	0
101	0001	0000	0001	1	0	1

1.3.2 整数と実数の表現

コンピュータの内部では、2進数を扱っていると述べましたが、では整数や実数はどのように表現しているのでしょうか。ここでは、コンピュータ内部における整数や実数の表現について取り上げます。

(1) 整数の表現

整数とは数えられる数のことで、0をはさんでひとつずつ大きくなる数が**正数**で、それにマイナスがつく数が**負数**となります。

コンピュータ内部では、整数は小数点が末尾にあるものとして表記します。このようなものを固定小数点表記といいます。固定小数点表記は、2バイト、4バイト、8バイトの長さであらわします。それ以上の長さが必要な場合は浮動小数点表記（(3)実数の表現）であらわします。

① 固定小数点表記（2バイト）

ここでは2バイトの固定小数点表記の例を示します。正数と負数を図1-14のように2バイト（16ビット）で表記します。2進数の16ビットは2^{16}種類（2^{16} = 65,536）ありますから、65,536種類の整数があらわせます。しかし、正負があるので、その半分の32,768となります。また最左端のビットは符号ビットとなるので、図1-14のように、結局32,767から -32,768までの整数があらわせます[7]。

図1-14 正数と負数

・**負数の表記**

コンピュータ内部では、正数はそのまま、負数は2の補数を使ってあらわします。その理由は減算の場合、引く数を2の補数に変換すれば、加算回路で減算もできるので便利だからです。「**2の補数**」とは「1の

---

[7] コンピュータのプログラミング言語であるBASIC（ベーシック言語）やC言語では32ビット（4バイト）で整数（正負の整数）をあらわしています。

補数」に 1 をたしたものです。**1 の補数**とは、2 進数の各ケタの 0 と 1 を反転した数のことです。

たとえば、10 進数 10 の正数と負数の場合を図 1-15 に示します。この図の上段は 10 を 2 進数 16 ビットであらわしています。中段は 0 と 1 を置き換えて 1 の補数に変換しています。下段は、それに 1 を加えて 2 の補数としています。これが -10 を 2 進数であらわしたもので、11…10110_2 となります。

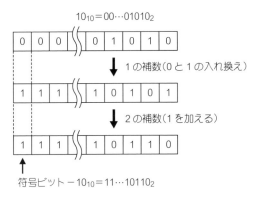

図 1-15　1 の補数と 2 の補数

なおコンピュータの加算回路で 2 の補数を加えたとき、最上位ビットより「ケタあふれ」が出ても無視します。

② **パック 10 進数表記とゾーン 10 進数表記**

コンピュータで整数を 2 進化 10 進法で表記する方法をみていきます。

a．**パック 10 進数表記**

2 進化 10 進数の 1 ケタを 4 ビットで表記する方法です。前記の 2 進化 10 進法（1.3.1 項(5)）と異なり、図 1-16 に示すように符号ビットがあり、正数ならば最右端の 4 ビットが 1100（＋）、負数ならば 1101（－）となります。同図は **4321**（正数）をパック 10 進数表記したもので、この場合、最左端の 4 ビットは 0000 となり、3 バイトになります。

0	4	3	2	1	+
0000	0100	0011	0010	0001	1100

図 1-16　パック 10 進数表記

b．ゾーン10進数表記

2進化10進数の1ケタを1バイトで表記する方法です。各バイトの左4ビットは0011（ASCIIの場合）になります。符号ビットは最下位バイトの左4ビットになり、正数ならば1100（＋）、負数ならば1101（－）となります。図1-17は **-4321** をゾーン10進数表記したもので、最下位バイトの左4ビットが符号で、負数なので1101(－)となり、4バイトになります。

	4		3		2	-	1
0011	0100	0011	0011	0011	0010	1101	0001

図1-17 ゾーン10進数表記

（2）実数の表現

① 実数とは

実数は、整数を含み、異なる整数の間にも無数の数が存在するような数のことです。たとえば、電子の質量はたいへん少なく、また実数なので、式1-10のように有限の小数と指数を使ってあらわします。このような表記の一般式は、式1-11のようになります。

- 電子の質量　　$9.1093897 \times 10^{-28}$ g　　　　　　　　（式1-10）
- 一般式　　　　$\pm F \times r^E$　　　　　　　　　　　　　（式1-11）

この式でFは仮数、rは基数、Eは指数です。

② 浮動小数点表記

実数をコンピュータで扱う方法のひとつに、浮動小数点表記法があります。同表記法では一般に基数は2にします。また、小数点以下のケタ数に制限があるため、有限の小数に近似して扱います。図1-18のように、±の符号（0は正数、1は負数）をあらわすS、位取りをあらわす指数部

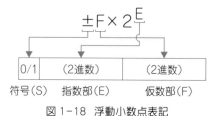

図1-18 浮動小数点表記

Eと2進数であらわす仮数部Fで表記します。

③ IEEE754規格（浮動小数点表記）

IEEE754（米国電気電子技術者協会の754）**規格**では、浮動小数点表記に単精度（32ビット）、倍精度（64ビット）、4倍精度（128ビット）などがあります。単精度は、符号（S：Sign）が1ビット、指数部（E：Exponent）が8ビット（$2^8 = 0 \sim 255$、ただしバイアスのため実際は、$-126 \sim +127$）、仮数部（F：Fraction）が23ビットです（図1-19a参照）。

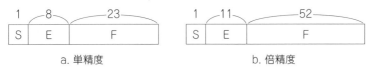

a. 単精度　　　　　　　　　　b. 倍精度
図1-19　単精度と倍精度浮動小数点表記

仮数部は2進数の小数であらわし、0以外の場合は、先頭を必ず1にする（正規化のため）ため、1以下の小数部分のみを仮数部に示します。たとえば、2.5を**単精度浮動小数点表記**にしたものが図1-20です。この図のように、2.5は1.25×2^1ですから、仮数部は1.25ですが、小数部分のみの表記のため0.25になり、2進数では0.01_2となります。これは、仮数部の上位ビットから0100・・・0となります。指数部は1ですが、指数部の負数表記はしないため、127のバイアス（加算）とします。すなわち、1＋127 = 128（→2進数の10000000）で1をあらわします。

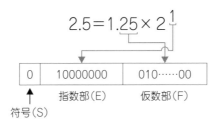

図1-20　単精度浮動小数点表記の例

同規格では0の表記だけ、特別に仮数部も指数部もオールゼロにします。また、仮数部が0で指数部がオール1（255）のときは**無限大**になります。なお、倍精度は指数部が11ビット、仮数部が52ビット、4倍精度は指数部が15ビット、仮数部が112ビットになります。

1.3.3 文字と画像の表現

(1) 文字の表現

　文字や記号は、あらかじめ定めた2進数の組合せ（コードといいます）であらわします。以下に各種コードを取り上げます。

① **ASCII**（American Standard Code for Information Interchange：**アスキー**）
アルファベットの大文字と小文字、数字（10種類）、記号や制御コードを7ビット（$2^7 = 128$ 種類）であらわしたコードです（表1-5）。

ASCII は、**米国規格協会（ANSI：America National Standard Institute）** が定めた文字コードで、8ビットで表示する場合は、最上位ビットは0とするか垂直パリティビット（1.3.4項 誤り検出）とします。

たとえば、数字の1は16進表記の 31_{16}（上位が3、下位が1）となり、文字のAは 41_{16}（上位が4、下位が1）となります。上位3ビット（0～7）の0と1には制御コードがわりあてられます。

表1-5　ASCIIコード表

下位4ビット	上位3ビット							
	0	1	2	3	4	5	6	7
0	制御コード		空白	0	@	P	`	p
1			!	1	A	Q	a	q
2			"	2	B	R	b	r
3			#	3	C	S	c	s
4			$	4	D	T	d	t
5			%	5	E	U	e	u
6			&	6	F	V	f	v
7			'	7	G	W	g	w
8			(	8	H	X	h	x
9			)	9	I	Y	i	y
A			*	:	J	Z	j	z
B			+	;	K	[	k	{
C			,	<	L	¥	l	|
D			-	=	M	]	m	}
E			.	>	N	^	n	~
F			/	?	O	_	o	DEL

② **JIS コード**

日本工業規格（**JIS**：Japan Industrial Standard）で定められた文字コードで、7～8ビットで、英数字・記号・半角カタカナをあらわす体系があります。また16ビット（2バイト）で、漢字をあらわす体系（**JIS漢字コード**）があります。16ビット（2バイト）で漢字をあらわす場合には、前記の ASCII コードと混在して使えるようにするため、ASCII コードと漢字コードを切り替えるためのコードを挿入して区別する必要があります。

③ **シフト JIS 漢字コード**

　JIS 漢字コードの機能を拡張したコード（2バイト）で、切り替えコー

ドなしで、ASCII コードと混在して使うことができます。

④ EUC（Extended UNIX Code）

JIS 漢字コードと同様に ASCII コードと 2 バイト系コードを使えます。このコードは、**UNIX**（3.1.2項(1)基本ソフトウェア）で使われているコードで、日本語の EUC は EUC-JP といいます。

⑤ Unicode

1993年に、主要コンピュータ会社が協議して世界中の文字を扱えるようにした国際標準（ISO/IEC）のコードです。Unicode は **UCS**（Universal multiple-octet Coded character Set）ともよばれ、16 ビット（2 バイト：UCS-2）でスタートしましたが、今では 32 ビット（4 バイト：UCS-4）もよく使われています。

（2）音の表現

音のようなアナログ信号は、ディジタル信号に変換して扱います。音楽用 CD は、44.1kHz の標本化周波数でディジタル変換し、各音素を 2 バイトであらわします。そのため、1 秒間でも 88.2k バイトになります。実際はデータ圧縮（後記(5)音や動画の圧縮）で数分の 1 になりますが、文字データに比べて大量のデータが必要になります。

（3）画像・動画の表現

画像を表現するにはつぎに示す **RGB 方式**がよく使われます。

① **RGB 方式**

画像を**画素**（またはピクセル）という単位に分解して 2 進数であらわす方式です。1画素の色に、**赤**（Red）・**緑**（Green）・**青**（Blue）の 3 原色を使い、1 原色あたり 256 階調（8 ビット：1 バイト）を割り当て、3 バイトで 1,677 万色をあらわします。これを**フルカラー**といいます。

② **ディスプレイ装置の解像度と動画のデータ容量**

解像度は画素数に対応するので、画素数が多いほど解像度が高くなります。たとえば、横 1,024 ドット、縦 768 ドットの場合は、1 画面あたり約 786,000 画素となります。つぎにデータ量を考えると、各色に 3 バイトを使うため、1 画面あたり、約 2.36M バイト必要になります。

動画の場合は、1 秒間に 30 画面必要なため、1 秒間で 70.8M バイトとな

ります。そのため、動画の場合は解像度を下げて（たとえば横320ドット、縦240ドット）データ量を少なくします。実際にはデータ圧縮（下記(4)、(5)）により数分の1になりますが、文字データに比べ、画像や動画の表現には大量のデータが必要になります。

（4）画像の圧縮

画像の圧縮のおもな規格について以下に取り上げます。

① **JPEG**（Joint Photographic Experts Group：ジェーペグと発音）

静止画像の圧縮を推進するISOの下部組織の名称で、静止画像を10分の1から100分の1に圧縮できる方法が規格化され、その規格もJPEGといいます。**JPEG**は、圧縮したら元の状態に戻せない非可逆性の圧縮です。なお、1画像ずつ圧縮した動画の**Motion-JPEG**もあります。

② **GIF**（Graphic Interchange Format：ジフと発音）

最高256色で画像を表現する規格です。イラストやアイコンなどの単純画像の圧縮はJPEGよりデータ量が少ないため、ウェブページによく使われます。圧縮しても元に戻せる可逆性の圧縮です。

③ **PNG**（Portable Network Graphics：ピングと発音）

ウェブページに使う目的で開発された圧縮規格で、フルカラーから白黒画像まで幅広く使え、可逆性の圧縮ができる点でJPEGより有利です。

④ **TIFF**（Tagged Image File Format：ティフと発音）

マイクロソフト社とアルダス社（現アドビシステムズ社）が開発した規格です。**TIFF**は解像度・色数・符号化方式が異なる画像も1つのファイルにまとめられ、OSやアプリケーションに依存しない特徴をもちます。

⑤ **ビットマップ**（BMP）

Windows（マイクロソフト社のOS）で標準サポートしている画像形式です。基本的には圧縮なしで画像を保存するため、圧縮率はほとんどない規格です。なお、色数が少ない16色または256色では圧縮ができます。

（5）音や動画の圧縮

音や動画の圧縮はタイミングに合わせて変換と復号が必要で、そのためには、**コーデック**（codec：COder-DECorder）という技術が使われます。コーデックは、変換（code）と復号（decode）からの造語で、音や動画をディジタル信号に変換（一般に圧縮）し、それを復号する処理または装置（ソフトウェ

アまたは回路）のことです。ここではおもなコーデックを取り上げます。

① MPEG（Moving Picture coding Experts Group：エムペグと発音）

動画や音の圧縮化を推進する ISO（国際標準化機構）の下部組織の名称で、以下のようなコーデックが標準化されています。

 a．MPEG-1

 1.5Mbps 程度の転送速度で、Video-CD や VHS ビデオなみの動画の質を扱うコーデックです。このファイルの拡張子は「**.mpg**」です。

 b．MP3

 MPEG1 Audio Layer-3 の略称で、CD 音楽の取り込みや、携帯型音楽プレーヤなどで使われます。このファイルの拡張子は「**.mp3**」です。

 c．MPEG-2

 4〜15Mbps の転送速度で、S-VHS や DVD ビデオなみの動画を扱うコーデックです。このファイルの拡張子は「**.m2p**」または「**.mpg**」です。また DVD ビデオの場合の拡張子は「**.vob**」です。

 d．MPEG-4

 64kbps 程度（携帯電話、スマートフォンなど）の転送速度で、動画や音声を扱うコーデックです。このファイルの拡張子は「**.mp4**」です。

 e．MPEG-4 AVC (H.264)

 ITU（国際電気通信連合）が勧告した MPEG-4 の拡張版で、MPEG-2 と同程度の画質で 2 倍の圧縮率をもつ動画のコーデックです。動画共有サイトの YouTube でも推奨をしています。このファイルの拡張子は「**.mp4**」など各種があります。

② その他の圧縮ファイル

その他の圧縮ファイルを示します。なお、コーデックは各種扱えます。

 a．**Windows 用オーディオ（.wav）**：Windows 用音声ファイル

 b．**Windows 用動画（.avi）**：Windows 用動画ファイル

 c．**QuickTime ムービー（.mov）**：アップル PC 用動画ファイル

 d．**Windows Media Video（.wmv）**：高圧縮動画のファイルで、Yahoo!動画など

 e．**音楽 CD（.cda）**：音楽 CD 用音声ファイル

1.3.4 誤り検出

データの誤り検出に関する方式を3つ取り上げます。

(1) パリティチェック (parity check)

① 垂直パリティチェック (Vertical Redundancy Check：VRC)

偶数パリティチェックと、奇数パリティチェックの2種類があります。**偶数パリティチェック**では、単位あたり（7ビットまたは8ビット）のビットの1の個数が奇数のとき、パリティビットを1にし、全部で偶数になるようにします。反対に**奇数パリティチェック**では、パリティビットと合わせて1の個数が奇数になるようにします。

偶数パリティチェックでは、受信したデータの単位あたりの1の個数が偶数の場合、誤りがないことになります。奇数パリティチェックでは、1の個数が奇数の場合、誤りがないことになります。

垂直パリティチェック方式はシンプルですが、単位あたりの誤りが偶数個（2個、4個など）あるときは誤りを発見できない欠点があります。

② 水平パリティチェック (Longitudinal Redundancy Check：LRC)

これにも偶数パリティチェックと、奇数パリティチェックの2種類があります。ひとまとまりのデータ（数十バイトから512バイト程度）の各ビット単位（水平方向）の1の個数に水平パリティビットを加えて、偶数にするものを**偶数パリティチェック**といいます。同様に、パリティビットを加えて奇数にするものを**奇数パリティチェック**といいます。

各パリティビットはBCC (Block Check Character) という1バイトの形にして付加して送信します。受信のときは、水平方向のビットごとに偶数パリティまたは奇数パリティをチェックします。

水平パリティチェックでは、水平方向の各ビットの誤り個数が偶数個のときは誤りを発見できない欠点があります。そのため一般に、垂直パリティチェックと一緒に使われ、誤り発見の精度を高めています。

(2) チェックサム (check sum)

ひとまとまりの送信データを通常1バイト単位で加算していき、加算結果の下位1バイト（あるいは2バイト）をチェックサムとして送信データに付

加して送ることで、エラーチェックをする方式です。

受信では、受信データを加算した結果がチェックサムと等しければ、誤りがなかったものとします。偶数個の誤りを発見できないというパリティチェックのような欠点はないため、パリティチェックより精度が高い方式です。

（3）CRCチェック（Cyclic Redundancy Check：巡回冗長検査方式）

CRCチェックでは、データを多項式とみなして、あらかじめ定めた**生成多項式**で割り切れるように、ひとまとまりの送信データ全体（数十バイトから数キロバイト程度）に対し、余りを付加したデータを送信します。付加する部分をCRCチェックビットとよび、16ビット、32ビットなどがあります。

受信データでは、同じように生成多項式で割り算をしていき、最後に割り切れれば、誤りがないことになります。チェックサムよりもさらに誤りチェックの精度が高く、各種ネットワークのデータ伝送によく使われています。

1.3.5 情報の表現

本章の冒頭で述べたように、情報の量的概念を初めて著したのはシャノンでした。その後、情報には量とは別の側面があることが研究され、それは情報の**質的側面**とよばれています。しかし、質的側面に関してはまだ統一された理論がないといってよく、研究者ごとに異なる概念が提唱されています。そのため、本書では情報の量的側面についてのみ取り上げることにします。

（1）情報の量的側面

情報の量的側面である**情報量**とは、あるデータを受けとった際に、それにより知ることができる情報の量のことです。情報量は、確率が低いことがらに対するデータほど高くなり、確率が高いことがらに対するデータほど低くなります。完全にわかっていることがらのデータは情報量が0となります。

情報量 I はつぎの式1-12であらわされます。

$$I = -\log_2 P \quad （Pは確率） \quad （式1\text{-}12）$$

たとえば、サイコロの目を当てる賭けをしていた場合、もし目が何であるかが得られたとすると、その情報量はいくつになるか、式1-12で求めてみます。

サイコロの目が出る確率は6分の1ですから、確率 $P=1/6$ になります。

$$I = -\log_2 P = -\log_2 1/6 = \log_2 6 \fallingdotseq 2.58 \quad (\text{ビット}) \quad (\text{式 1-13})$$

サイコロの目がわかる情報量は2.58ビットとなります。情報量の単位はビットです。ただし、情報量の**ビット**は2進数のビットとは異なります。

また、あることがらについての情報が継続して得られた場合の情報量は、加算することで求められます。たとえば、トランプのマーク（ジョーカー以外のスペード、クラブ、ハート、ダイヤ）がわかったとすると、その情報量は、確率が 1/4 ですから、2ビットになります（$-\log_2 1/4 = \log_2 4 = 2$）。

つぎにカードの数字（J,Q,Kを含む）がわかったとすると、確率が 1/13 ですから情報量は 3.70 ビットとなります（$-\log_2 1/13 = \log_2 13 \fallingdotseq 3.70$）。この2つの情報量は加算すればよいので、3.70 + 2 = 5.70（ビット）となります。

（2）情報量とエントロピー

これまでみてきたように**情報量**は、対象となることがらの**不確実さ**を少なくする程度といえます。ある対象について、n個の事象のどれかが起こるとします。各事象が起こる確率を $P_i = $ (i-1,⋯,n) とすると、n個の事象のうち、ひとつの事象が起きたことに対する情報量の期待値は以下のようになります。

$$(-p_1\log_2 p_1) + \cdots + (-p_n\log_2 p_n) = -\Sigma (p_i\log_2 p_i | i = 1,\cdots,n) \quad (\text{式 1-14})$$

上記式であらわされる値を**平均情報量**といいます。平均情報量はある事象がもっている不確実さの程度で、それに対し前記(1)で述べたある情報を受けとったときの情報量は**選択情報量**といいます。

ところで、熱力学で無秩序さをあらわす度合いを**エントロピー**というため、平均情報量はその対象がもつエントロピーともよばれます。平均情報量は、情報を取りこむことにより不確実さが少なくなる度合いですので、情報論で取り扱うエントロピーは、負のエントロピーとみなして、**ネゲントロピー**[8]とよばれることもあります。

---

[8] ネゲントロピーは、ブリルアン（L.Brillouin）が提唱した用語です。

1.4 情報の伝達とコミュニケーション

人間の情報処理は、コミュニケーションの中心概念に位置づけられるものです。本節では、他者への情報の伝達であるコミュニケーションの意味とコミュニケーションのメディアについて取り上げます。

1.4.1 コミュニケーションの意味

コミュニケーションには送り手と受け手が存在します。送り手はなんらかの意図をもって受け手にはたらきかけます。受け手が、送り手の意図からなる**メッセージ**を受け取ることにより、受け手の中で意味が形づくられます。**コミュニケーション**とは、送り手と受け手の**相互作用**により意味を形成し、それを共有していく過程のことです。意味は直接送り手から送られてくるのではなく、受け手の中で形づくられることがポイントです（図1-21）。

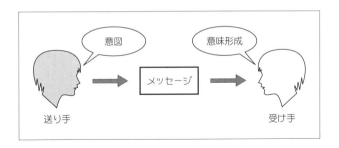

図 1-21　コミュニケーションの概念図

そして形づくられた意味が送り手の意図とほとんど同じならば、コミュニケーションが成立したことになります。もし送り手の意図と異なる意味が形成されたり意味が通じなければ、その場のコミュニケーションは不成立となります（表1-6）。しかし実際には、なんどかのメッセージのやりとりで、受け手は、送り手の意図とほぼ同じ意味を形成できることになります。

ところで近代の研究では、送り手と受け手で異なる意味が形成される場合に、必ずしもコミュニケーションの不成立とはみなさないようになってきました。たとえば、異なる意味から新たな気付きを得たり、新たなアイデアの

創造につながれば、コミュニケーションにより、創造性の発揮という利点が得られたことになります（表1-6）。これは送り手と受け手との間のコミュニケーションの結果から新たに創られたもの（創発といいます）なのです。

表1-6 コミュニケーションの結果

ケース	送り手の意図	受け手の意味形成	意図と意味の関係	コミュニケーションの結果
1	abc	abc'	ほぼ同じ	成立
2	abc	def	異なる	不成立
3	abc	XYZ	新たな気付き	創造性の発揮

1.4.2 コミュニケーションのメディア

ここでは、コミュニケーションとメディアとの関係やコミュニケーションのメディアの種類について取り上げます。

（1）メディアとは

メディアとは、情報の入手・記録・伝達・保管などに用いられるモノや装置、またはテクノロジーのことで、**媒体**と訳されます。メディアは、情報の入手・記録・保管をおこなう情報メディアと、情報の伝達をおこなう**コミュニケーションメディア**に大別されます。しかし、両者には重なりがあります。ここでは、コミュニケーションメディアについて取り上げます。

（2）コミュニケーションとメディア

コミュニケーションにおいて**メッセージ**は、なんらかの**メディア**を介して相手に送られるので、メディアは**チャネル**ともよばれます。たとえば、面と向かってのコミュニケーションの場合、音波や空気もメディアです。また、そこで話される言語もメディア（**言語メディア**）です。

コミュニケーションにおけるメッセージを媒介するテクノロジーとしてのメディアには、音声、言語、メモ書き、電話、電子メールなど個人がおこなうコミュニケーションのメディアから、書籍、新聞、雑誌、テレビ、ラジオなどのマスメディア、インターネットのウェブページや投稿掲示板などのネットワーク関連のメディアがあります。

（3）コミュニケーションメディアの種類

コミュニケーションメディアは、「人間の数」と「機能」という2つに着目して分類されます。

① 人間の数に着目したメディアの分類

人間の数に着目すると、もっとも規模が小さい個人が使うパーソナルメディアと、一般大衆という多数への伝達に使うマスメディアが対局にあげられます（図1-22）。つぎに4種類のメディアを説明します。

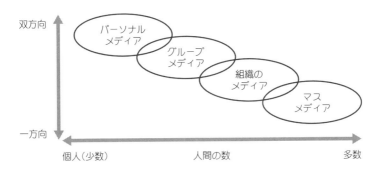

図1-22 人の数を基準としたコミュニケーションメディア

a．パーソナルメディア

個人が使用するメディアです。

パーソナルメディアは、双方向のインフォーマル（非公式）なコミュニケーションで使われ、具体的には手紙、電話、電子メールなどがあげられます。そのなかでも、スマートフォンやパソコンを利用した電子メールがよく使われています。

電子メールは、手紙などの従来のしきたりに縛られない自由なメッセージのやりとりができて便利ですが、文字情報中心のため、誤解がおきがちです。そのため、メッセージをできるだけ明確に書くことが大切です。また相手がみえないので、誤解からケンカに発展しやすいため、倫理面を意識した対応が必要です。なお、ブログとよばれるウェブページ上の日記もよく使われています。**ブログ**はパーソナルメディアですが、ウェブページに訪れる不特定多数を読み手としている点では、マスメディア的な性格もあります。このようなインターネット上

のメディアでは、セキュリティや倫理面への配慮にくわえて、著作権への考慮も必要になります[9]。

b．グループメディア

目的をもったグループがコミュニケーションに使うメディアです。

グループメディアは、パーソナルメディアに近い性格をもち、おもに双方向のグループコミュニケーションで使われます。インフォーマル（非公式）とフォーマル（公式）のコミュニケーションが混在している点が特徴です。

グループメディアの具体例には、同人誌、グループ報告誌、グループ会議録、グループ会議そのものなどがあります。最近はネットワークを利用したメーリングリストやインターネットの電子掲示板、ウェブページや **SNS**（Social Networking Service）[10]などがよく使われており、このような機能をはたすソフトウェアを**グループウェア**ともいいます。グループウェアを利用する場合は、倫理面のみならず、セキュリティへの配慮も必要です。

c．組織のメディア

組織内外のコミュニケーションに使われるメディアです。組織のメディアは、組織コミュニケーションメディアともよばれます。

前記のグループメディアもグループ組織と考えれば、組織のメディアのひとつといえます。組織のメディアは、双方向と一方向が混在し、フォーマルとインフォーマルも混在します。例としては、組織の指示・伝達の各種資料や組織の業務用資料、会社紹介書、パンフレットなどがあげられます。また、組織内ネットワークである**イントラネット**を介したコミュニケーションで使われるメディア（電子メール、電子掲示板、企業内ポータルページ）や、組織間コミュニケーションの**エクストラネット**で使われるメディア（電子メール、電子掲示板、企業間ポータルページ）もよく利用されます。さらに、メーリングリスト、

---

[9] セキュリティ、倫理面、著作権については、第6章（セキュリティと情報倫理）をご覧ください。
[10] SNS については、4.4.4 項(2)③SNS で扱います。

会社紹介や製品紹介のウェブページなどもあります。

組織のメディアは、組織内部だけでなく、外部とのやりとりや外部への公表も含まれるため、組織として倫理面への配慮やセキュリティへの配慮が大切になります。また、インターネット経由の場合は、外部から故意に内容を改ざんされたり、悪意をもった**なりすまし**の被害もあるため、特にセキュリティへの配慮が重要です。

d．マスメディア

マスコミュニケーション（マスコミ）で使われるメディアです。**マスメディア**は、一方向のフォーマルなコミュニケーションで使われ、例として、書籍、新聞、雑誌、映画、ラジオ、テレビ、インターネット広告などがあげられます。

マスメディアは一般大衆を相手にするので、内容面の信憑性や、誤りがないことなどについては、マスコミ業界で倫理規定をもうけるなどの対応も進んでいます。インターネット広告では、広告以外に、会社紹介、人材募集なども含まれます。これらは容易につくられるため、誤った広告や、信憑性を疑われる表現が発生しやすくなります。また外部から故意に内容を改ざんされたり、偽りのウェブページへ誘導されたりなどの被害も起きています。そのため、企業側に倫理的な配慮やセキュリティへの配慮が強く求められます。

② 機能に着目したメディアの分類

メディアの機能面に着目すると、現示的メディア、再現的メディア、および機械的メディアにわけられます。

a．現示的メディア

コミュニケーションの送受信とも、道具や機械を使用せず、身体を使うメディアのことです。

身振りや表情という**非言語メディア**が始まりで、その後、身体を使うメディアに言語メディアが加わり、現示的メディアは大いに発展しています。

b．再現的メディア

コミュニケーションの送信にのみ道具や機械を使用するメディアのこ

とです。

例として、絵画がもっとも古く、つぎに文字があげられます。また文字や絵画を印刷するための活版印刷や、より再現性の高い写真が含まれます。

c．機械的メディア

コミュニケーションの送受信両方に道具や機械を使用するメディアのことです。

例として、話し言葉から発展した電信、電話、ラジオがあげられます。また絵画や写真が発展した映画、テレビ、ネットワーク関連のメディアである電子メール、電子掲示板、SNSなどがあります。

機械的メディアについては、4.4.4項（インターネットの応用技術）で取り上げます。

演習問題

1. 情報がもつ性質の中で、情報を他者へ与えても自分の元からはなくならないことをあらわした性質の名称を答えてください。

2. データ、知識、情報の違いを以下のキーワードを使用して説明してください。　「意味づけ」「体系化」

3. データをディジタル化することで得られる利点を2つ答えてください。

4. CDで音楽を録音・再生するには、2種類のデータ変換が使われています。この2種類のデータ変換の名称を答えてください。

5. 2進数・8進数・10進数・16進数それぞれの基数を答えてください。

6. 10進数の100を2進数と16進数に変換した値を答えてください。

7. 10進数の123を符号付き16ビットの2進数に変換した値と、-123を同じ2進数に変換した値を答えてください。

8. 10進数の123をパック10進数表記にしたものと、ゾーン10進数表記にしたものを答えてください。

9. イラストやアイコンなどの静止画像を扱い、最高256色で画像データを圧縮する形式の名称を答えてください。

10. データの単位（7〜8ビット）あたり、1ビットの冗長なデータを追加して、誤り検出する方式の名称を答えてください。

11. データを多項式とみなして、定められた生成多項式で割り切れるようにするしくみによって誤り検出する方式の名称を答えてください。

12. 1から16までの目が出る16面体のサイコロがあります。もし、出た目の数がわかったとすれば、その情報量はいくつになるか答えてください。

13. コミュニケーションメディアは 2 グループに大別されます。それぞれのグループにどのようなメディアがあるか答えてください。

14. SNS は、2種類のメディアに所属しています。その 2 種類のメディアの名称を答えてください。

2. コンピュータの技術とハードウェア

■■ **本章の概要** ■■

　コンピュータは、情報科学の主要な分野を占める情報技術（IT）の中心となります。本章では、はじめに情報技術と情報システムの意味を確認し、コンピュータの歴史について取り上げます。つぎに、初期のコンピュータ技術の発展とコンピュータ素子の発展を確認したうえで、コンピュータの構成要素と入出力関連技術を取り上げます。さらに、コンピュータの演算や制御の基本的な考えである論理演算についておさえたうえで、コンピュータに命令を与える機械語の基本について取り上げます。なお、ソフトウェアとデータベースについては3章で扱います。

学習目標

- 情報システムとはなにかについて説明できる
- コンピュータとはなにかについて説明できる
- コンピュータの歴史について説明できる
- 初期のコンピュータ技術について説明できる
- コンピュータのハードウェアの構成要素について説明できる
- コンピュータ素子の発展について説明できる
- 入出力インタフェースの種類と特徴について説明できる
- パソコンの発展について説明できる
- 論理演算の種類と論理式・論理記号について説明できる
- 命令語としての機械語の動きについて説明できる

2.1 情報技術とコンピュータ

2.1.1 情報技術の意味と情報システム

(1) 情報技術の意味

情報技術は英語の「Information Technology」を和訳したものであり、**IT**と略記されて使われています。ITという用語が一般に使われだしたのは、1980年代の米国が始まりといわれています。しかし、用語としてのITが初めてあらわれたのはもっと早く、1958年にレビットらの論文（「1980年代のマネジメント」ハーバードビジネスレビュー誌）といわれています。日本では、インターネットが一般に使われだした1992年をIT元年ということもありますが、ITは1980年代からコンピュータ技術者の間でよく使われていました。その後、インターネットの普及により、ネットワーク技術やデータ通信技術が情報技術の範囲に占める割合が増えてきたことから、**情報通信技術**（Information and Communication Technology：**ICT**）とよばれることも多くなってきました。しかし日本では、情報通信技術も含んで情報技術またはITとよぶことが多いようです。

本書のタイトルでもある**情報科学**は、図2-1に示すように、この情報技術を包含する用語です。**情報技術**は情報に関連する技術であるのに対して、情報科学はそのような情報の応用技術の研究のみでなく、情報そのものの性質・構造・論理をも研究する学問と位置づけられます。

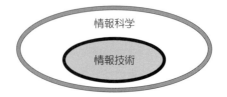

図2-1　情報技術と情報科学

さて情報技術は、情報に関連する技術の総称ですが、その中心となるものは、**情報システム**に関連する技術や、情報システムを構成する**コンピュータ**に関連する技術です。ここではまず、情報システムやシステムについてその

定義をしてみましょう。
(2) 情報システムとは
① システム

システムという用語は、直接日本語に対応する言葉がないといえるほど幅広い意味をもっています。情報科学の分野でも、いろいろな解釈があります。システムの語源はギリシャ語で「結合する」を意味する「システマ（systema）」といわれています。システムに対応する日本語は、体系、系、系統、組織、体制、制度、秩序、方式などです。システムが使われる文脈によって、対応する日本語が異なるので、ここで明確な意味を確認しましょう。

システムとは、「複数の要素が相互に関係し合い、全体としてまとまった機能を発揮している集合体」（広辞苑より）と定義されます。情報科学の分野では、「ある目標を達成するために構成された2つ以上の要素からなる全体のこと」と定義されます。

② 情報システム

情報システムとは「情報を主要な要素とするシステム」のことです。ですから、必ずしもコンピュータが含まれていなくても情報システムとよばれます。しかし、現代では情報システムを構成する中心的な要素として、多くの場合コンピュータが位置づけられます。

公式な定義としては、**情報システム**とは、情報処理システムと、これに関連する人的資源、技術的資源、財的資源などの組織上の資源からなり、情報を提供し、配布するものとされています。（JIS 情報処理用語）

われわれは日常、多くの情報システムを利用して生活しています。銀行のATM（現金自動預け払い機）は情報システムの一部です。鉄道の改札で使われている切符や定期の読み取り装置も情報システムの一部です。現代では情報システムのほとんどにコンピュータが使われています。もちろん情報システムはコンピュータだけで構成されるものではなく、その中には人手による作業も含まれています。

2.1.2 コンピュータとはなにか

コンピュータは、「compute」すなわち計算するという言葉からできています。「computer」は計算する道具、すなわち計算機のことです。原始的なコンピュータはソロバンや計算尺のような計算する道具です。

ソロバン（算盤）は中国の漢時代（2世紀の終わり）に誕生し、16世紀後半の安土・桃山時代に日本に伝わりました。また前記（1.2.2項の(1)）の**計算尺**は16世紀後半のイギリスで発明され、対数目盛を採用すると乗算や除算を加減算でおこなえるため、乗除算はソロバンよりはるかに速く計算できる利点をもっています。しかし、計算誤差が大きく、有効ケタ数を高めることが困難という欠点をもっています。

図2-2 ソロバン（中国：近代）

出典：『Introducing Computers』John Wiley&Sons,Inc. より

上記のソロバンは、ソロバンの玉がディジタルの単位にあたる**ディジタル型計算機の原型**とされています。それに対し計算尺は、**アナログ（相似）型計算機の原型**とされています。

2.2 コンピュータの歴史

ここではまず世界のコンピュータの歴史として、手動計算機から電子計算機の誕生にいたるまでの、初期のコンピュータを取り上げます。その後、日本のコンピュータも取り上げます。

2.2.1 世界のコンピュータの歴史

(1) 手動計算機

コンピュータの始まりは、人間が手動でおこなう**手動計算機**からといわれています。

① パスカルの計算機

コンピュータの歴史はパスカルに始まるといってもよいでしょう。1642年にフランスの数学者**パスカル**は、歯車を使用した手動式計算機を発明しました。これは計算するケタ数に対応した歯車を設け、歯車間にケタ上げをおこなう機能を付けたもので、**パスカリーヌ**とよばれていました。それまでの計算尺と違い、機械としての機能が設けられているのが特徴です。

図2-3 パスカリーヌ

出典:『Introducing Computers』John Wiley&Sons,Inc. より

② ライプニッツの計算機

1674年にドイツの哲学者**ライプニッツ**は、パスカルと同じ歯車式を使い、加算とケタずらしを繰り返すしくみを設けて、乗除算をおこなう計算機を発明しました。この計算機のしくみはその後、原理的には駆動部分が手動から電動に変わっただけで、20世紀後半までよく使われていました。日本では1903年に矢頭良一により、最初の卓上式の歯車計算機が開発され特許出願されました。これは当時、**自動算盤**(自動ソロバン)とよばれ、300台近くが販売されました。

図 2-4 ライプニッツの計算機

出典：『History of Technology』Oxford より

（2）自動計算機

人間が手で操作していたものを、電動でおこなうようにした計算機です。

① バベッジの解析機関

19世紀に英国の数学者**バベッジ**は、三角関数の解法を多項式の計算でおこなう目的で、**階差機関**とよばれる歯車を複雑に組み合わせた機械を考案しました。しかし当時の製造技術では精密な歯車などを作れなかったため、その完成を断念し、1834年から現在のコンピュータにも通じる自動機関としての**解析機関**の製作に取りかかりました。

図 2-5 バベッジの解析機関

出典：『Computers and Information Processing』Prentice Hall,Inc. より

解析機関は、現在の演算装置、記憶装置、制御装置、および入出力装置のそれぞれに相当する部分から構成されていました。しかし、彼の存命中には完成をみませんでした。

② ホレリスの PCS

1887 年に米国の**ホレリス**は、バベッジの解析機関のアイデアを利用し、入出力用にパンチカードを使った計算機を完成しました。パンチカードのパンチ穴の位置を変えることで計算させる方式で、**パンチカード式計算機**（PCS：Punch Card System）とよばれます。

図 2-6　PCS（パンチカードシステム）
出典：『計算機の歴史』共立出版より

ホレリスの PCS は、1890 年の米国勢調査の統計でその効果を発揮し、それまでの統計処理期間を 10 分の 1 に短縮しました。同機はコンピュータの原型の実用化第 1 号とよばれています。

1896 年にホレリスは、PCS の開発会社であるタビュレーティングマシン社を設立しましたが、同社は 1911 年に CTR 社に移管され、1924 年に **IBM 社**と社名を変更しました。

ホレリスの計算機以降のコンピュータの歴史を表 2-1 に示します。

表2-1 コンピュータの歴史

	米国・英国	日本
1887	PCS(ホレリス)	
1940	MODEL I(米ベル研)	
1944	MARK I(米ハーバード大)	
*1942	ABCマシン(米アイオワ大)	
1946	ENIAC(米ペンシルバニア大)	
1949	EDSAC(英ケンブリッジ大)	
1951	EDVAC(米ペンシルバニア大)	
1951	UNIVAC-I(米レミントンランド社)	
1952	IBM701(米IBM社)	ETL MARK I(電気試験所)
1953	IBM702(米IBM社)	
1953	Whirlwind(米MIT)	
1954		FACOM-100(富士通信機製造)
1955	IBM608(米IBM社)	
1956		FUJIC(富士写真フィルム)
1956		ETL MARK III(電気試験所)
1957		MUSASINO-1(電電公社)
1959		TAC(東大)

(3) リレー式計算機

電動スイッチのリレー (2.3.2 項(1)リレーから真空管へ) を素子とした計算機で、電子計算機が誕生するまで多くのリレー式計算機がつくられました。

① ベル研のリレー式計算機

1940年に米国**ベル研究所**は、世界初の**リレー式計算機**の MODEL I を完成しました。同機は、現在のコンピュータの計算方法の主流である2進法を採用していたことで有名です。

② エイケンの MARK I

1944年に米国ハーバード大学の**エイケン**は、MARK I を IBM 社と共同で完成しました。同機は、スイッチ、リレー、回転軸、クラッチなどを部品として使い、乗算も数秒で計算できるほど当時としては高速でした。同機は、**自動逐次制御計算機**とよばれ、それまで人手を介して計算していたのをすべて自動でできるようにした画期的なものでした。

図 2-7 エイケンの MARK I

(4) 電子計算機

それまでの自動計算機では、おもな構成要素にリレーを使用していました。リレーの駆動には真空管も使われましたが、リレーは汎用的に各種の計算をさせるのが難しいという面をもっていました。そこで、真空管により電子的に計算をおこなう電子計算機が発明されました。現在、コンピュータ（電子計算機）とよばれるのは、この真空管式計算機からとされています。

① アタナソフのコンピュータ（ABC マシン）

米国アイオワ大学の**アタナソフ**は、学生の**ベリー**と共同で、約 300 本の真空管を使った**アタナソフ・ベリー・コンピュータ（ABC マシン）**を 1942 年に開発しました。同機は電子式として世界初のコンピュータ（**電子計算機**）でした。また 2 進法による演算回路を採用していました。しかし、アタナソフ自身が他の軍事研究に駆り出されたため 2 号機までつくられましたが、入出力（パンチカード）装置が不安定という問題があり、真の実用化にはいたりませんでした。

② ENIAC

1946 年に米国ペンシルバニア大学の**エッカート**と**モークリー**は、陸軍の援助を得て ENIAC を完成しました。同機は 1 万 8 千本の真空管を使い、160kW の電力を消費し、重量約 30 トンという巨大な電子計算機でした。プログラムはスイッチと配線によるもので、現在のプログラム内蔵方式[1]

---

[1] プログラム内蔵方式については、後記（2.3.1 項の(2)）で扱います。

とは異なるものでした。また計算も10進法でおこなうもので、現在主流の2進法とは異なっていました。ENIACは大砲の弾道計算などに使う目的で作られましたが、第2次世界大戦の終了にともない、原爆のシミュレーションなどに使われました。開発者らは電子計算機の特許を取得したため、ENIACは世界初の電子計算機といわれていました。しかし、1973年に起きた別件の訴訟の結果、現在では前述のようにABCマシンが世界初の電子計算機と位置づけられ、ENIACは実用化レベルで世界初の電子計算機ということになりました。

図2-8　ENIAC

出典:『Information,Daten und Signale Geschichte technischer Information』Deutsches Museum1987 より

③ EDSAC

1949年に、英国ケンブリッジ大学の**ウィルクス**らによって世界初の**プログラム内蔵方式**コンピュータの EDSAC が完成しました。開発の開始はEDVACより遅かったのですが、EDVACが遅れたため先に完成しました。

④ EDVAC

1951年に、ENIACを開発したエッカートとモークリーによって EDVAC が完成しました。同機は EDSAC より早く開発を始めたのですが、彼らが考案したプログラム内蔵方式のアイデアを支援者のノイマンが理論化し、単独で外部発表するなど技術者間のトラブルで開発が遅れ、EDSACに世界初を譲ることになりました。

⑤ UNIVAC-I

1951年に、米国レミントンランド社は世界初の商用コンピュータのUNIVAC-Iを発売しました。同機の開発は、エッカートとモークリーが創設した会社で始められましたが、資金不足のためレミントンランド社に移りました。UNIVAC-Iは真空管式でしたが、入出力装置に世界初の**磁気テープ装置**を採用した当時としては画期的なコンピュータでした。

図2-9 UNIVAC-I

出典:『History of Technology』Oxford より

⑥ IBM701、IBM702

1952年にIBM社は世界初の科学技術用および商用コンピュータであるIBM701を発売しました。同機は真空管式でしたが、記憶に**磁気ドラム装置**を採用し、入力にパンチカード装置を使用していました。

1953年に発売された IBM702 は、入出力装置に磁気テープが使われ、IBM701より多くの台数が販売されました。

⑦ Whirlwind(ワールウィンド)

1951年に米国マサチュセッツ工科大学が開発したWhirlwind(つむじ風)は、真空管式コンピュータで、1953年に主記憶装置に世界初の**コアメモリ**を採用し、当時世界最速をほこりました。後継機のWhirlwind IIは小型化され軍用システムのSAGE(**半自動式防空管制システム**、1958年-1980年)の大量のコンピュータユニットとなりました。SAGE は、単一場所に設置されたコンピュータシステムとして世界最大の大きさでした。

⑧ IBM608

1955 年に、IBM 社は世界初の**トランジスタ式**コンピュータの IBM608 を発売しました。同機にはコアメモリが使われました。

2.2.2 日本のコンピュータの歴史

（1）リレー式計算機

① ETL Mark I、ETL Mark II

1952 年に通産省工業技術院電気試験所は、日本初の**リレー式**計算機である ETL Mark I を開発しました。同機は試作機でしたが、1955 年に実用機の ETL Mark II が完成しました。

② FACOM-100

1954 年に富士通信機製造(株)は、リレー式の実用機である FACOM-100 を発売しました。同機は 4,500 個のリレーと、入力装置に紙テープ読み取り装置を採用していました。

（2）電子計算機

① FUJIC

1956 年に**日本初の電子計算機**である FUJIC が完成しました。同機の開発は、富士写真フィルム(株)の**岡崎文次**が 1949 年に着手し、製作をほとんど独りでおこなったという画期的なものでした。同機は 1,700 本の真空管を使った真空管式電子計算機で、社内外のレンズ設計の計算用などに使われ、人手の 2,000 倍という性能を実現しました。

② ETL Mark III

1956 年に通産省工業技術院電気試験所は、**トランジスタ式**電子計算機の ETL Mark III を開発しました。同機は日本で 2 番目の電子計算機でしたが、**トランジスタ式**としては日本初の電子計算機でした。

③ MUSASINO-1

1957 年に旧電電公社（現 NTT）は、日本独自の電子計算機の素子である**パラメトロン**[2]を使った電子計算機の MUSASINO-1 を完成しました。同機は、日本初のパラメトロン式電子計算機でした。

---

[2] パラメトロンとは、フェライトコア磁石とコイルを組み合わせ、周波数の振動を励起させる原理を応用したものです。真空管やトランジスタを使わない日本独自の素子として、東京大学を中心に多くのパラメトロン電子計算機が開発されました。しかし、トランジスタ素子の性能向上により、その後使われなくなりました。

④ TAC

1959年に、東京大学が初期に東芝と共同開発し、その後、真空管式として日本初の汎用1号機である **TAC** を完成しました。同機は、真空管7,000本とダイオード3,000本を使用し、EDSACの流れをくむコンピュータでした。

2.3 コンピュータ関連技術の発展

前項であげた初期のコンピュータには、それぞれ当時の画期的な技術が使われていました。ここではそのような初期のコンピュータの技術から発展した主要なコンピュータ関連技術について説明します。

2.3.1 チューリングとノイマンの技術

(1) チューリングの計算理論

1936年に英国の数学者である**チューリング**は、自動計算する機械の原理を発表しました。彼はその仮想機械を**チューリングマシン**とよび、この原理を応用すれば**自動機械（オートマトン：automaton）**が作れると提唱しました。

チューリングマシンは、計算作業用に使うセルに分割された無限に長いテープと、テープ上にデータを書いたり、データを読んだりするヘッド、およびヘッドを動かす制御をおこなう**有限制御部**から構成されています。有限制御部にはあらかじめ有限個の内部状態Sが設定されています。同制御部は、制御させるための遷移関数の機能をもっています。

図2-10に示すように、ヘッドで読みだしたデータは、有限制御部の内部状態Sのひとつと、遷移状態関数δにより演算処理され、その結果から内部状態Sを書き換えるとともに、結果のデータをテープ上に書き込み、ヘッドを右か左に移動させ、場合によっては演算をストップします。このような動作を繰り返すことで、計算可能なものであれば、どんな計算でもおこなえます。チューリングマシンは実現された機械ではなく概念ですが、その後のノイマンによる**プログラム内蔵方式**の考案に影響したといわれています。

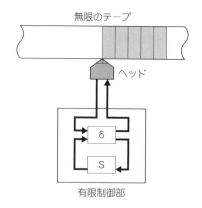

図 2-10 チューリングマシンの概念図

　チューリングは 1944 年に、**コロッサス**とよばれる**暗号解読機械**を完成しました。同機は暗号解読の専用機のため、電子計算機には含めていません。

(2) ノイマンのプログラム内蔵方式

　ENIAC などの初期のコンピュータでは、処理の手順をスイッチや配線で設定していました。しかし、その後のコンピュータのほとんどは、1945 年に米国のノイマンが発表したプログラム内蔵方式を採用しています。**プログラム内蔵方式**とは、コンピュータにおこなわせる処理の手順を記述したプログラムを、あらかじめコンピュータのメモリ内に記憶させ、メモリからそのプログラムを読みだしながら処理をおこなう方式のことです。同方式は発表者の名前から**ノイマン方式**ともよばれています。

　プログラム内蔵方式の発明により、コンピュータの処理効率が格段によくなりました。前述のようにプログラム内蔵方式が最初に採用されたのは EDVAC でしたが、完成までの間に EDSAC が世界初のプログラム内蔵方式コンピュータとして誕生しました。

2.3.2　コンピュータ素子の発展

(1) リレーから真空管へ

　コンピュータ（広義）が電気計算機とよばれていた時代の最後には、コンピュータ素子として**リレー**（継電器）が使われていました。リレーは電気を

流すと電磁石となり、スイッチである接点をオン（またはオフ）するので、これが前記のリレー式計算機（MODEL I、MARK1、ETL Mark I、FACOM-100）に使われました。リレーの動作は機械的なため、計算に時間がかかるという欠点をもっていました。それを克服したのが**真空管**でした。

真空管[3]は、機械的動作でなく電子的動作によるスイッチ機能と増幅機能をもっているので、リレーよりはるかに速く計算ができるという特長があります。また電子的動作のため、真空管をコンピュータ素子としたものを**電子計算機**とよぶことになりました。しかし真空管は、内部にフィラメントとよばれる点灯部分をもつため、寿命が短く（数千時間）、多量な電力を必要としました。それを克服したのが**トランジスタ**でした。

（2）トランジスタの発明

1948年に米国**ベル研究所**の**ショックレー**、**バーディーン**および**ブラッテン**は、電流増幅作用のある半導体素子（**トランジスタ**）を開発し公表しました。トランジスタは、同じ増幅作用のある真空管に代わる画期的な発明でした。初期のトランジスタは安定面の問題がありましたが、その後各種のトランジスタが発明され、安定面の問題も改善されました。

トランジスタの使用により、真空管の欠点である、寿命が短いこと、多量の電力が必要なこと、体積が大きいこと、という問題が解決されました。しかし、さらに性能が高く、より小さいコンピュータへ発展するには、つぎにあげる**集積回路**の発明が必須でした。この集積回路も基本的にはトランジスタの動作原理にもとづいて発明されたものです。

（3）集積回路の発明とムーアの法則

① 集積回路の発明

1958年に米国**テキサス・インスツルメンツ社**の**ジャック・ギルビー**は、トランジスタ、抵抗、コンデンサからなる電子回路を小さな基盤上に実現した**集積回路**（Integrated Circuit：**IC**）を発明しました。彼はこの発明の特許を取得しましたが、つぎの年の1959年にフェアチャイルド社の**ロバート・ノイス**も、同様な集積回路（IC）を独自に発明しました。

---

[3] 電子計算機に使われた真空管は、3極真空管という種類で、1906年に米国のド・フォレストにより発明されました。

初期のICでも、その体積はトランジスタの数十分の1になりましたので、ICへの置き換えでコンピュータの性能がより向上しました。その後、**MSI**（中規模IC）、**LSI**（大規模IC）、**VLSI**（超LSI）とICの集積度は画期的に向上し、現在では1個のICチップで数十Gビット（数百億ビット）を超えるメモリ素子のICもあります。このようにICは記憶素子としても使われ、ICを使うことにより、コンピュータのサイズは格段に小さくなり、その価格も大きく低下しました。

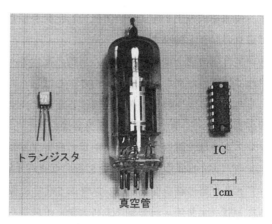

図2-11 トランジスタ、真空管、IC

② **ムーアの法則**

1965年に、米国インテル社の創設者のひとりである**ゴードン・ムーア**は、ICの集積度は1.5年から2年で2倍になるという経験則を発表し、これは後に**ムーアの法則**とよばれました。ムーアの法則はその後も集積度の向上に対応しています。

（4）**マイクロプロセッサの誕生と発展**

マイクロプロセッサは、それまで大量のICなどで構成されたコンピュータのプロセッサ（CPU（2.4.1項(1)））をたったひとつのICチップで実現したものです。超小型（マイクロ）のプロセッサという意味でマイクロプロセッサ（**MPU**：Micro Processing Unit、インテル社では**CPU**）とよばれます。

1971年に世界初のマイクロプロセッサが米国**インテル社**から誕生しました。その開発には日本の技術者である**嶋正利**らも参画しました。当時日本のビ

ジコン(株)は、より高性能な電卓を高集積 IC で実現するためインテル社に開発を依頼しました。インテル社はビジコン(株)のアイデアを発展させ、ひとつの IC チップ（4004）でプロセッサをつくることに成功しました。4004（図2-12）はビジコン(株)のプリンタ付き電卓に採用されましたが、高額なためあまり売れませんでした。やがて 1974 年にビジコン(株)は倒産しました。4004 の共同開発者の一人であったビジコン(株)の嶋正利は1971年に(株)リコーに移ったのちインテル社に入社しました。

4004 は、一度に 4 ビットの処理ができましたが、翌 1972 年には一度に 8 ビット処理できる 8008（図 2-12）が誕生し、2 年後の 1974 年には改良版の 8080 がインテル社から誕生しました。8080 は、当時誕生した**マイコン**（**マイクロコンピュータ**の略語）のプロセッサとして世界中に普及しました。

図 2-12　マイクロプロセッサ 4004（左）と 8008（右）

1974年に、米国**モトローラ社**は、8080 よりすぐれたアーキテクチャ（設計様式）をもつ **MC6800** を発売しました。MC6800 は、米国ミニコンピュータメーカの **DEC 社**のアーキテクチャ（設計様式）を随所に盛り込みましたが、8080 ほど普及しませんでした。その後 1976 年に、米国**ザイログ社**から単一電源（5V のみ）で駆動でき、8080 の改良版である **Z80** が発売されると、8080 をしのぐようになりました。Z80 は、1975 年にザイログ社に転職した**嶋正利**らによって開発されました。

やがて、16 ビット～ 64 ビットの MPU がつぎつぎと開発され、パソコンだけでなく多くのコンピュータに MPU が使われるようになりました。このような MPU や IC メモリを中心とした技術やその応用製品は**マイクロエレクトロニクス**（microelectronics：ME）とよばれ、情報技術の中心技術のひとつとなっています。

（5）記憶素子の発展

ここでは、電子計算機の主記憶装置用に使われた記憶素子の発展をみていきます。

① 水銀遅延線

水銀で満たされた管の両端に**水晶振動子**を取り付けたもので、片方の水晶振動子に電気信号をかけ振動させ、それが水銀の中を伝わり反対側の水晶振動子を振動させ、その圧電効果により電圧が励起する原理を使用したものです。その信号を増幅して反対側に戻すと、水銀中を伝わっていく時間だけ情報を記憶させておけます。初期のコンピュータのEDSAC[4]、EDVAC、UNIVAC-Ⅰ、FUJICなどに使われました。

② ウィリアムス-キルバーン管

ブラウン管の一種である**陰極線管**による記憶装置です。陰極線管の蛍光面に電子が衝突すると光が出るとともに、衝突箇所の電荷がわずかに変化するので、それを利用した記憶装置として使われました。初期のコンピュータであるIBM701、IBM702や日本のTACなどに使われていました。

③ 磁気ドラム

金属製の**シリンダ**（ドラム）に磁性体をコーティングし、固定された磁気ヘッドにより読み書きする記憶装置です。ヘッドは現在のHDD（ハードディスク装置）と異なり、固定されていました。IBM701（1952年）に初めて採用され、大容量のため1950～1960年代にかけて広く使われました。その後、より高速の**コアメモリ**に置き換えられました。

④ コアメモリ

極小のリング状の**フェライトコア磁石**を磁化させることにより情報を記憶する素子です。データを読み出すとコアが磁化されてしまうため、元の情報に書き戻す操作が必要ですが、前記のWhirlwindでは、1953年から記憶装置として使われました。その後、記憶容量と読み書きの速度がすぐれていたため、多くのコンピュータで使われました。また、**不揮発性**（電源を切っても記憶が消えない）という特長のため、1970年代前

---

[4] EDSACでは、16本の水銀遅延線が約1,000バイトのメモリとして使われました。

半までICメモリより多く使われていました[5]。

⑤ 半導体メモリ

トランジスタやダイオードという**半導体**を組み合わせた記憶素子です。半導体メモリは、コンピュータのCPU内のレジスタ（一時記憶装置）としてよく使われましたが、大量の記憶容量が必要な主記憶装置用としてはサイズが大きいため、コアメモリが使われていました。

⑥ ICメモリ

集積回路（IC）の発明（1958年）により、半導体メモリが**IC化**された記憶素子のことです。ICメモリの集積度の向上は、コアメモリとの価格競争を招きました。1970年に1チップ1024ビットのICメモリの登場をさかいに、ICメモリはコアメモリを置き換えていきました。

（6）ICメモリの種類

ICメモリは揮発性のRAMと不揮発性のROMとに大別されますが、最近は不揮発性で読み書きができるICメモリ（フラッシュメモリ）も登場しました。ICメモリの種類と特徴について取り上げます。

① RAM（ラムと発音、Random Access Memory）

RAM[6]は直接読み書きできるメモリですが、電源を切ってしまうと記憶内容が消えてしまう性質（**揮発性**）があります。

a．DRAM（ディーラムと発音、Dynamic RAM）

図2-13　DRAMとメモリ基板

---

[5] コアメモリは、リング状のコアの中に金属線をとおすため、物理的な大きさの限界があり、ICメモリの集積度向上により、ICメモリに置き換えられていきました。
[6] RAMの名称のランダムアクセスは、どのメモリアドレスにも直接アクセスできることを意味します。読み書きできるだけならば、リードライトメモリ（RWM）となりますが、順次（シーケンシャル）アクセスと区別するためランダムアクセスとしています。

IC 内部の回路がシンプルで大容量化が容易なため、比較的安価なメモリです。しかし、一定時間（数十 ms）ごとに**リフレッシュ**とよばれる内容の再書き込みが必須なため、リフレッシュが必要ない SRAM より低速になります。そのため、大容量が必要なメインメモリによく使われます。DRAM（IC チップ）とそのメモリ基板を図 2-13 に示します。

b．SRAM（エスラムと発音、Static RAM）

回路が複雑で大容量化が困難なため比較的高価なメモリです。その反面、DRAM より高速なことから、CPU と直接データをやりとりするキャッシュメモリ（下記）などに使われます。

・キャッシュメモリ

素子の種類ではなく IC メモリの使われ方の種類です。CPU とメインメモリとの間に配置され、メインメモリの読み書きを早めるために使われるメモリです（図 2-14）。このメモリには **SRAM** が使われるため、使用頻度の高いデータを一時記憶しておくことで、メインメモリの実効速度をあげられます。**1 次・2 次・3 次キャッシュメモリ**という多段階構成のキャッシュメモリも使われ、これらの大半はマイクロプロセッサ（MPU）の中に内蔵されます。

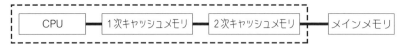

図 2-14 キャッシュメモリとメインメモリ

② **ROM**（ロムと発音、Read Only Memory）

読み出し専用のメモリで、電源を切っても記憶内容が消えない性質（**不揮発性**）をもっています。

ROM には、**マスク ROM** と **PROM** があります。

a．マスク ROM（mask ROM）

ROM の製造工程でデータやプログラムを書き込むので、ユーザは記憶内容を変更できないメモリです。この ROM は大量生産が可能なため、ROM の中でもっとも安価なものです。しかし、書き換えが必要な場合

はROM全体の交換が必要になります。

b．PROM（ピーロムと発音、Programmable ROM）

ユーザが書き込みできるROMです。一度しか書き込みができない**ワンタイムPROM**と、何度も書き込みができるEPROM（Erasable PROM）にわかれます。

- **ワンタイムPROM**：ROMの中に形成されたヒューズを電気的に焼き切るなどして書き込むタイプで、一度だけ書けます。
- **EPROM**：何度も書き込みができ、消去の仕方で種類がわかれます。
  - UV-EPROM（Ultra Violet-EPROM）：紫外線の照射によりデータ全部を消去した後、書き込みができるタイプのROMです（図2-15）。紫外線消去は数百回以上できるようになっています。

図2-15　UV-EPROM

  - EEPROM（Electrically Erasable PROM）：電気的にデータを消去した後、書き込みができるROMです。紫外線消去ほど手間がかからないという点で、UV-EPROMより使い勝手がすぐれています。
  - フラッシュメモリ：電気的に一括消去や部分消去が可能で、書き込みもできるので、EEPROMより便利なROMです[7]。

---

[7] フラッシュメモリは、ディジタルカメラ、携帯型音楽プレーヤや後記（2.4.1項(2)②）するメモリカードやSSDなどにも搭載されています。

2.4 コンピュータのハードウェア

コンピュータは、ハードウェアとソフトウェアから構成され**コンピュータシステム**ともよばれます。**ハードウェア**[8]とは、英語で金物のことをいい、コンピュータの場合は、コンピュータを構成する個々の機器とそれらをまとめた機械全体のことをいいます。それに対し**ソフトウェア**とは、コンピュータを構成する情報の部分ととらえることができます。コンピュータは、ハードウェアだけ、あるいはソフトウェアだけで成立するものではなく、ハードウェアとソフトウェアで構成された**システム**として初めて成立するものです。

2.4.1 ハードウェアの構成要素

コンピュータシステムのハードウェアは、中央処理装置、記憶装置、入力装置および、出力装置の4つの装置から構成されています。

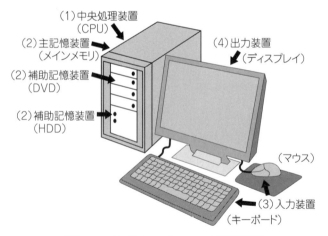

図2-16 デスクトップパソコンと周辺装置

図2-16にデスクトップとよばれるパソコンの外観を示します。また図2-17に各装置間のデータの流れと制御の関係を示します。

---

[8] ハードウェアとは、情報処理システムの物理的な構成要素の全体または一部のこと、と定義されています。(JIS情報処理用語)

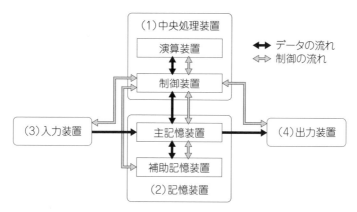

図2-17 コンピュータシステムの基本構成

(1) 中央処理装置（CPU：Central Processing Unit）

CPUまたは**プロセッサ**ともよばれ、コンピュータの中心となる装置です。人間でいえば頭脳にあたり、コンピュータに与えられた**命令（機械語）**を実行します。命令の実行により各種演算処理や入出力データの処理などがおこなわれます。また、そのような処理をおこなうために**入出力装置の制御**もおこないます。

パソコンの場合、CPUに**マイクロプロセッサ**が使われるため、MPUともよばれます（ただしインテル社はCPUとよびます）。最近では大型コンピュータの一部を除き、ほとんどのコンピュータのCPUにマイクロプロセッサが使われています。そのため、従来はコンピュータシステムのうちCPUがもっとも高額な装置でしたが、現在では他の装置（入力装置、記憶装置、出力装置）と比べて安い場合もあります。これは**ME**（2.3.2項(4)）の発展により、高性能かつ低価格が実現されたことによるものです。

図2-18 中央処理装置としてのMPU

CPU は、**演算装置**と**制御装置**から構成されています。従来、これらの装置は別々のきょう体にわかれていましたが、現在では図 2-18 のようにマイクロプロセッサ（MPU）の中のサブユニットとして存在しています。

① **演算装置**（ALU：Arithmetic and Logic Unit）

ALU ともよばれ、命令に応じた四則演算や論理演算をおこなう役割をもつ装置です。

　a．**四則演算**（four arithmetic operations）

　　命令に対応した加算、減算、乗算、除算をおこない、演算結果は、演算レジスタとよばれる一時記憶装置に保存します。また制御装置との連携で、演算結果は命令で指定された一時記憶装置のレジスタまたはメインメモリに保存します。

　b．**移動**（movement）

　　命令の指定に応じて制御装置と連携して、CPU の中に複数あるレジスタ同士で情報の記憶場所を移動したり、メインメモリ同士やメインメモリとレジスタとの間で、情報の記憶場所を移動します。

　c．**比較演算**（comparison operation）

　　2 つの計算式あるいは文字列の大小関係を調べ、その結果（真：トゥルーまたは偽：フォールス）をフラグレジスタに保存します。

　d．**論理演算**（logical operation）

　　命令に対応した論理和や論理積、否定などの論理演算をおこない、演算結果は演算レジスタに保存します。また制御装置との連携で、演算結果は命令で指定されたメインメモリまたはレジスタに保存します。

論理演算や、論理演算をおこなう**論理回路**の基本については、2.4.4 項（論理回路の基礎）で扱います。

② **制御装置**（control unit）

メインメモリ上にあるプログラムから命令を順に取り出して解読し、コンピュータシステムを構成する各装置に指令を出して制御する役割をもつ装置です。演算装置をはじめとして、記憶装置や入出力装置の動作は、この制御装置がコントロールします。各装置に対して制御信号を出すとともに、各装置から戻ってくる制御のフィードバック信号を検知し

て適切な制御をおこないます。

　制御装置が命令の実行を制御する過程は、取込、解読、実行の3つにわけられます。命令の実行の詳細は2.4.5項（命令の基礎）で扱います。

（2）**記憶装置**（storage unit）

　データやプログラムを記憶する役割をもつ装置です。記憶装置には、主記憶装置と補助記憶装置があります。

① **主記憶装置**（main memory）

　データやプログラムを一時的に記憶する役割をもつ装置です。

　従来は、コアメモリや低集積度のICメモリの物理的サイズが大きいため、適切な記憶容量の実現には大きなスペースが必要でした。そのため、CPUとは別のきょう体となっていました。しかし、ICメモリの集積度が飛躍的に向上した現在では通常、CPUと同じきょう体（または基板上）に含まれます。主記憶装置の記憶素子については、2.3.2項(5)（記憶素子の発展）で取り上げています。

② **補助記憶装置**（auxiliary storage）

　データやプログラムを長期的に記憶する役割をもつ装置で、**外部記憶装置**（external storage）または **2次記憶装置**（secondary storage）ともよばれます。この装置はメインメモリを補う役割があり、メインメモリの容量が限られるため、メインメモリに代わり大容量の記憶をまかなう役割をもっています。

　a. 磁気ディスク装置

　磁性体を塗った円盤状のディスクに磁気を使いデータを読み書きする装置で、**ハードディスク装置**（HDD：Hard Disk Drive）や**フロッピーディスク装置**（FDD：Floppy Disk Drive）があります。

a. ハードディスク装置

b. フロッピーディスク

図2-19　ハードディスク装置とフロッピーディスク

ハードディスク装置の記憶媒体を**ハードディスク**（HD）、フロッピーディスク装置の記憶媒体を**フロッピーディスク**（FD）といいます。

・HDD（ハードディスク装置）

HDDのディスク全体を**初期化**（**フォーマット化**）すると、ディスクの記憶領域はまず、**シリンダ**とよばれる同心円状の**トラック**に分割され、さらにトラックが**セクタ**という区画に分割（図2-20では8分割）されます。シリンダ、トラック、セクタによって記憶位置を識別でき、その記憶領域にデータを記憶できるようになります。

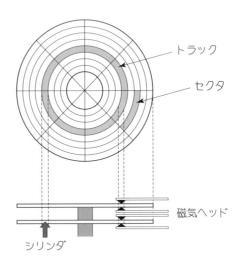

図2-20 トラックとセクタ

この図のディスクは、4面（4ヘッド）あるので、1シリンダあたり4トラックとなります。記憶容量は以下の計算式であらわされます。

記憶容量 ＝ シリンダ数 × ヘッド数 × セクタ数 × 512バイト　　（式2-1）

たとえば低記憶容量（80GB）のHDDの場合、ヘッドが4個とすると、シリンダ数が約5.6万、セクタ数が平均約700となります。計算すると $5.6 \times 10^4 \times 4 \times 700 \times 512 = 80.3 \times 10^9$（バイト）＝ 80.3GB となります。

HDDは通常、FDDのようにディスク媒体を交換する方式でなく固定式ですが、補助記憶装置の中でもっとも記憶容量が多く、単位容量あたりのコストも安いため、補助記憶装置としてもっとも使われています。最近ではパソコン用としても、1台で2TB（2,000GB）以上の高密度なHDDも使われています。

・FDD（フロッピーディスク装置）

FDDに使われている媒体は、記憶容量が最高1.44MBと少ないことと、ほこりなどに弱いため、最近では使われなくなりました。FDDの代わりとしてUSBメモリ（後記e）がよく使われています。

b．光ディスク装置

レーザ光線によってデータを読み書きする装置です。おもな記憶媒体をつぎに示します。

・CD（Compact Disc）

当初は音楽をディジタル録音するために開発された記憶媒体です。その後、レーザで書き込みもできるCD-R（追記型）やCD-RW（書き換え型）が登場しました。それらはパソコンでも使えるため、データやプログラムを記憶するCD-ROM（書き込みフォーマットが音楽用と異なる）として使われています。直径12cmのCDメディアで約700MBの記憶ができます。

・DVD（Digital Versatile Disc）

映像の録画・読み出しに適した高速再生および大容量記憶が可能な記憶媒体です。CDにくらべて片面で7倍から12倍（2層記憶の場合）、両面で14倍弱の記憶ができます。直径12cmのメディアでは4.7GB〜9.4GBの記憶ができます。

DVDメディアには、追記型のDVD-R、書き換え型のDVD-RWやDVD-RAMなどがあります。パソコンの外部記憶装置用メディアとして、CDよりDVDの方が多く使われています。

・ブルーレイディスク（Blue-ray Disc：BDと略記）

CDやDVDに使用されていた赤色レーザに代わり、波長の短い青色レーザを使い記憶の高密度化をはかった記憶媒体です。波長が短い

ことと、より高密度なレンズの使用で、トラックの幅を半分に縮小し、トラックの記憶密度も 2 倍以上にすることで、DVD の約 5 倍の記憶ができます。そのためハイビジョン（高解像度映像、NHK の商標）や 4K（ハイビジョンの 4 倍の画素）の録画・再生用の記憶メディアに適しています。また、パソコンの外部記憶装置用メディアとしても使われます。直径 12mm のディスクの片面 1 層で 25GB、片面 2 層で 50GB、新規格の BDXL では、片面 3 層で 100GB、片面 4 層で 128GB の記憶ができ、8 層までの開発も進められています。

BD メディアには、追記型の **BD-R**、書き換え型の **BD-RE**、読みだし専用の **BD-ROM** などがあります。DVD とは記憶方法が異なるので完全な互換性はありませんが、BD 記憶装置は、CD や DVD も読み書きできるようになっています。

c．光磁気ディスク装置

レーザ光線と磁気を組み合わせてデータを読み書きする装置です。書き込みは、レーザ光線を照射したのちデータを磁気的に書き込み、読み出しにはレーザ光線のみ使います。

おもな記憶媒体として、**MO**（Magneto Optical disc、光磁気ディスク）があり、記憶容量は 128MB〜1.3GB で、何度でも書き換え可能です。しかし、DVD に比べて書き込み時間が長くかかり、記憶容量も少ないため、あまり使われなくなりました。

d．磁気テープ装置

磁気テープの記憶媒体に磁気を使ってデータを読み書きする装置です。

図 2-21　LTO テープドライブ

オープンリール型とよばれる初期のコンピュータで使われたものから進化し、現在は **LTO**（Linear Tape-Open）**テープドライブ**とよばれるものが使われています。この装置の記憶容量は最高 2.5TB（圧縮時

6.25TB）ですが、2014 年に 185TB の磁気テープ媒体が開発されています。LTO は企業などで、データのバックアップ用などに使われています。

e．メモリカード（memory card）

フラッシュメモリをカードに埋め込んだ記憶媒体です。メモリカードの名称は、開発企業により異なります（図2-22）。メモリカードは、大容量（数十 GB 以上）で低価格（数千円）のため、外部データ記憶用によく使われています。

a. コンパクトフラッシュ　　b. スマートメディア　　c. SD メモリカード

d. USB メモリ

図 2-22　メモリカードと USB メモリ

メモリカードをメモリカードリーダに挿入しパソコンと接続すると、外部記憶装置として便利に使えるため、CD-ROM、MO、DVD、ブルーレイディスクなどの代わりによく使われます。ディジタルカメラでは、撮影したデータの記憶用にメモリカードが使われます。また、メモリカードと USB コネクタが一体となった **USB メモリ**（図 2-22 d）もパソコンでよく使われています。

f．SSD（Solid State Drive）

前記の HDD の代わりに使われるフラッシュメモリで構成された記憶装置です。処理速度が速く駆動部分がないため、静かで衝撃に強い特徴があります。

スピードは HDD より格段に速いため、プログラムやデータの読みだ

しの速度が向上します。しかし、HDDに比べると高額（10〜20倍）なため、HDDとSSDを併設し、OS[9]（**基本ソフトウェア**）などの頻繁に稼働する領域にSSDを使用する[10]と、コンピュータの処理スピードが大きく向上します。

タブレット端末やスマートフォンの補助記憶装置にも使われています。

(3) 入力装置（input device）

入力装置は、データやプログラムを外部からコンピュータに入力する機能をもっています。

① 文字や記号を入力する装置：キーボード（keyboard）

文字や記号を入力し、コンピュータの操作全般に使用する装置です。キーボードはパソコンに標準装備されており、もっとも利用される入力装置です。携帯用パソコンではコンピュータ本体とキーボードは一体化しています。

キーボードには、日本語仕様や英語仕様などがあり、日本語仕様は漢字変換や半角/全角切り替え、ひらがな/カタカナ切り替えなどのため、英語仕様とくらべてキーの数が多いのが特徴です。

② 位置情報を入力する装置：ポインティングデバイス（pointing device）

画面上の座標位置を入力する装置です。

a．マウス（mouse）

形がねずみに似ていることから**マウス**とよばれます。マウスは机上での移動により位置情報を入力する装置で、パソコンに標準装備されています[11]。底にあるボールの回転方向、回転数により、画面上の位置を決めたり、アイコンやメニューを選択したりするのに使います。現在では、ボールの代わりに位置を光学的に読みとる光学式マウスや、無線で使う無線マウスが主流となりました。

b．トラックボール（trackball）

マウスをうら返したような構造で、上部のボールを回転させて位置情

---

[9] OSについては、3.1.2項(1)基本ソフトウェアで扱います。
[10] SSDは読み書きの回数制限（数10万回〜数100万回）があるため、常時読み書きするエリアを分散させることで寿命を延ばすしくみが使われています。
[11] 携帯用パソコンでは、一般的にオプション扱いになっています。

報を入力する装置です。マウスと異なり装置全体は動かさないので操作用スペースが不要なため、携帯用パソコンのキーボードの下方に配置されることがあります。

c．ディジタイザ（digitizer）
専用のパネル上でペンなどを移動させることにより位置情報を入力する装置で、**タブレット**ともよばれます。マウスに比べて正確に位置指定できるため、工業・商業デザイナなどの専門家がよく使っています。

d．タッチパッド（touchpad）
指で平板上のセンサーをなぞることで位置情報を入力する装置です。携帯用パソコンのキーボードの下方に配置されます。

e．タッチパネル（touch panel）
指や専用のペンで画面に直接触れることで位置情報を入力する装置で、**タッチスクリーン**（touch screen）ともよばれます。タッチパネルは直感的な認識と操作が必要な機器に使われており、銀行のATM（現金自動預け払い機）や駅の券売機、スマホ、タブレット型端末（タブレット）や携帯用ゲーム機などに使われます。

f．ジョイスティック（joystick）
スティックを上下左右に傾けることによって、位置情報を入力する装置です。ゲーム機の操作用などによく使われます。

③ イメージを入力する装置

a．ディジタルカメラ（digital camera）
CCD（Charge Coupled Device：電荷結合素子）とよばれる、光を電気信号に変換する装置により、画像をディジタルデータとして記憶するカメラのことです。ディジタルカメラの画像は、カメラ内のメモリカードに記憶されます。画像データは、コンピュータとケーブル接続することで、コンピュータに入力できます[12]。

b．OCR（Optical Character Reader：光学式文字読み取り装置）
印刷文字や手書き文字を光学的に読み取る装置です。伝票・帳票の数

---

[12] カメラ内のメモリカードを取り出してカードリーダに挿入し、カードリーダ経由で画像データをコンピュータに入力することもできます。

字や、手紙・はがきの郵便番号の文字認識に使われます。

　　c．イメージスキャナ（image scanner）

　　　写真、絵、図形、文字などをイメージデータとして読み取る装置です。ソフトウェアとの組み合わせで文字情報を読み取り、文字認識させることもできます。

　　d．バーコードリーダ（barcode reader）

　　　コンビニエンスストアやスーパーマーケットなどの商品に印刷された**バーコード**を読み取る装置です。流通業や商品配送などの物流業で広く使われています。バーコードを扱う **POS**（Point Of Sales：販売時点情報管理）**システム**[13]などに付属しています。

（4）**出力装置**（output device）

　出力装置は、コンピュータで処理されたデータを外部に出力する機能をもっています。

　① ディスプレイ（display）

　　a．CRT ディスプレイ

　　　旧型テレビと同じブラウン管を使うため、画面表示スピードが速く、視野角が広い特性をもつ表示装置です。このような面では液晶ディスプレイより優れていますが、奥行きが長く、消費電力も多く、画面の焼きつきや電磁波が発生する面で、液晶ディスプレイに劣ります。

　　b．**液晶ディスプレイ**（liquid crystal display：LCD）

　　　電圧で光の透過度が変化する液晶をパネルとして使った表示装置です。液晶自身は発光しないため背面から光をあてるバックライト方式が主流で、薄型軽量で消費電力が少なく、携帯性にもすぐれるため、コンピュータ、携帯パソコン、携帯電話、スマートフォンやタブレットに使われています。画面表示スピードがやや遅く、視野角がせまい点はCRT ディスプレイに劣りましたが、液晶ディスプレイの発展はめざましく、画面表示スピードや視野角の問題も大幅に改善されたため、現在、CRT ディスプレイはほとんど使われなくなっています。

---

[13] POS システムについては、5.2.2 項(3)販売管理システムで扱います。

② プリンタ (printer)

　a．ドットインパクトプリンタ (dot impact printer)

　　印字ヘッドの多数のピンで、インクリボンを用紙に打ちつけて印字する装置です。衝撃を与えて印字するために印字音が大きく、印字品質も高くありません。しかし、複写伝票を一度に印字可能という特徴をもっているため、伝票の印刷に使われます。

　b．インクジェットプリンタ (ink-jet printer)

　　印字ヘッドのノズル（先端を細くした筒）からインクを吹きつけて印字する装置です。印字音が静かで、印字品質も高く、カラー印刷が可能です。また、装置本体は低価格なため、個人向けのカラープリンタとしてよく使われています。

　c．レーザプリンタ (laser printer)

　　レーザ光線と静電気を使って、トナーを紙の上に定着させて印字する装置です。印字音が静かで、印字品質も非常に高く、インクジェットプリンタより鮮明な印刷が可能で、高速印刷ができるため、ビジネス用プリンタとしてよく使われています。カラーレーザプリンタは比較的高価なため、カラーが必要ない分野では、白黒レーザプリンタがよく使われています。

a.ドットインパクトプリンタ　b.インクジェットプリンタ　c.レーザプリンタ

図 2-23　プリンタ

2．4．2　入出力関連技術

入出力装置を使用するには、コンピュータと入出力装置の**インタフェー**

ス[14]に適合したソフトウェアを導入し、**入出力インタフェース**[15]に合った接続ケーブルを使うことが必要です。入出力に関する各種技術を取り上げます。

（1）**入出力装置用のソフトウェア**

① BIOS（Basic Input/Output System）

パソコンのマザーボード上に、**ROM**の形態で実装されているプログラムのことです。コンピュータの電源投入時に、BIOSの内容がCPUに読み込まれ、メモリやキーボードなどの周辺機器をチェックし、HDDから**ブートプログラム**とよばれる最初のプログラムを読み込み、それが稼働します。BIOSは、周辺機器に対する基本的な入出力手段をOSやアプリケーションソフトウェアに対して提供する機能をもちます。

② デバイスドライバ（device driver）

OSが周辺機器を操作する際に、OSとの橋渡しをおこなうソフトウェアのことです。デバイスドライバがOSに組み込まれていない周辺装置は、そのままでは利用できません。キーボードやHDDのデバイスドライバはOSに組み込まれていますが、プリンタなどの周辺機器によっては、ユーザ自身が必要なデバイスドライバを組み込まなければならないものもあります。必要なデバイスドライバは、機器に付属のCD-ROMなどで提供されます。なお、改定されたデバイスドライバや、新しいOSに対応したデバイスドライバは、提供会社のウェブページからダウンロードできます。

（2）**入出力インタフェース**

入出力インタフェースには、シリアルインタフェース、パラレルインタフェース、無線を使ったインタフェースがあります。

① **シリアルインタフェース**（serial interface）

シリアルインタフェースの**シリアル**には「連続的な・直列の」という意味があります。**シリアルインタフェース**とは、データを1ビット単位で**直列転送**する方式で、次のような規格があります。

---

[14] インタフェースとは、2つの機能単位の間で共有される境界部分で、機能に関する物理的相互接続特性、信号交換特性などで定義されるものです。（JIS情報処理用語）
[15] 入出力インタフェースとは、コンピュータと入出力装置との間を相互接続するための規格の総称です。

a．RS-232C（ANSI/TIA/EIA-232-F）

米国電子工業会（EIA：Electronic Industries Alliance）が標準化した規格です。パソコンに標準装備され、パソコンとモデムや周辺機器の間を接続するのに使われます。RS-232C の接続ケーブルは、使われるピンの数により、**D-sub9 ピン**、**D-sub15 ピン**、**D-sub25 ピン**などがあります。シリアルインタフェース方式として古くから普及していましたが、転送速度が最高 115.2kbps という制限があり、現在では USB のほうが実際の使用数は多くなっています。なお、RS-232C はその後何度か名称変更され、1997 年に **ANSI/TIA/EIA-232-F** となっています。

a. D-sub9ピン　b. D-sub25ピン

図 2-24　RS-232C

b．USB（Universal Serial Bus）

最大 127 台までの機器を接続できるシリアルインタフェースの規格です。USB は上位互換性をもっており、**USB1.1** は最高 12Mbps、**USB2.0** は最高 480Mbps で、現在の **USB3.0**[16]は USB2.0 の 10 倍の最高 5Gbps という高速な転送速度を実現しています。

USB は現在、シリアルインタフェースの中でもっとも使われており、パソコンに 1 つ以上標準装備されています。従来は、周辺装置（マウス、プリンタ、ハードディスク装置、光ディスク装置など）ごとに個別仕様の接続ケーブルが使われていましたが、最近は USB ケーブルに統一されています。

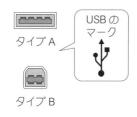

図 2-25　USB2.0（4ピン）

---

[16] USB2.0 まではピン数が 4 本でしたが、USB3.0 では 9 本となっています。しかし、ピンの形状を工夫することにより上位互換性を保持しています。

c．IEEE1394

IEEE1394[17]（アイトリプルイー1394 と発音）は、USB とは異なり当初から高速データ転送が必要な情報機器（ハードディスク装置、DVD、ビデオカメラなど）用の規格として、IEEE（米国電気電子技術者協会）が制定したものです。

最大 63 台までの周辺機器を接続でき、現在の最高スピードは 3.2Gbps です。スピード別に各種タイプがあり、ピン数も 4 本、6 本、9 本と各種あり上位互換性も完全でないため、最近では USB の高速対応にともない、IEEE1394 はあまり使われなくなっています。

d．SATA（Serial ATA）

パソコン内蔵のハードディスク装置（HDD）などと CPU バスとのインタフェースである **IDE/EIDE** の **ATA 規格**（後記②参照）と互換性を保ち、シリアル転送方式に変更した規格です。1バイトの転送に 10 ビット使うため、パラレル転送より単純に 10 倍の時間がかかりますが、転送速度が数十倍も速いため、ATA より速い転送を実現しています。**SATA1.0** は 1.5Gbps、**SATA2.0** は 3Gbps、**SATA3.0** は 6Gbps です。SATA は、ATA よりシンプルなケーブルで接続でき、HDD 増設用のジャンパー線が必要ないなど、より便利なインタフェースのため、パソコン用によく使われています。

e．SAS（Serial Attached SCSI）

パラレルインタフェースの **SCSI** とよばれる規格と互換性をもつシリアル転送のインタフェースです。SATA に比べ高価ですが、信頼性が高いため、より安定した動作が要求されるデータベースセンターの HDD などによく使われています。

② パラレルインタフェース（parallel interface）

パラレルインタフェースの**パラレル**（parallel）には「並列」という意味があります。複数のデータビットを同時に**並列転送**する方式で、次のような規格があります。

---

[17] IEEE1394 の元となった規格は、アップル社が開発した FireWire で、1995 年に IEEE により規格化されました。

a．IDE（Integrated Drive Electronics）、EIDE（Enhanced IDE）

IDE は、HDD などを接続する規格のひとつで、CPU と内蔵 HDD などの接続として、8 ビット（1 バイト）を同時に転送するパラレル転送方式です。

EIDE は、IDE の仕様を拡張したもので、IDE 同様に ANSI が規格化しました。

b．ATA（AT Attachment）

米国規格協会（ANSI）が IDE を標準化した規格です。**ATA** は転送速度 3.3MB、最大容量 528MB の HDD の 2 台接続までカバーしました。

その後、EIDE を規格化した **ATAPI-4**、**Ultra ATA** などに発展しました。

しかし、前記（①の d）の SATA の方が、接続の容易さと高速転送のため、現在は SATA に切り替えられています。

③ **無線通信のインタフェース**

a．IrDA（Infrared Data Association）

光無線データ通信を規格化している団体名であり、赤外線による近距離の無線通信インタフェースの規格でもあります。この規格は、ノートパソコン、携帯電話などの通信に使われ、通信速度は 115.2kbps と 4Mbps の 2 種類、通信可能距離は 0.2m と 1m の 2 種類あります。

b．ブルートゥース（Bluetooth）

電波による短距離の無線通信インタフェースの規格です。この規格は、ノートパソコン、タブレット、携帯電話やスマートフォンなどで、各機器間の通信に使われます。通信速度は最大 3Mbps、通信可能距離は IrDA より長く 10m〜100m で、電波のため IrDA と異なり、間に障害物があってもよいという特長があります。

c．NFC（Near Field Communication）

近距離無線通信ともよばれる 10 数 cm の短い距離の無線通信の規格です。NFC は、スマートフォンでよく使われ、**ISO/IEC**[18]**18092** で標準化されています。NFCチップ搭載のスマートフォン同士では、13.56MHz の電波を使い、最大 424Kbps のデータ通信がおこなえます。

---

[18] ISO/IEC は、ISO（国際標準化機構）と IEC（国際電気標準会議）の共同を示します。

2.4.3 パソコンとワークステーションの発展と最近の動向

(1) パーソナルコンピュータの誕生と発展

① アルテア (Altair-8800)

1975年に米国MITS社が発売したパソコンの草分け的製品ですが、当時は**マイコン**とよばれました。同機はマイクロプロセッサに8080を採用しましたが、当初はスイッチによる機械語の入力とLED(発行ダイオード)による出力表示しかできませんでした。

その後、ビル・ゲイツ(マイクロソフト社の創業者)は、BASICの**インタプリタ**[19]をアルテアに移植することに成功し、人気をはくしました。

図2-26 アルテア
提供：Intel

② アップルⅡ (Apple Ⅱ)

1977年に米国**アップル社**[20]の**スティーブ・ジョブズ**と**スティーブ・ウォズニアック**により実用的なマイコン第1号として発売されたコンピュータです。同機には、モステクノロジー社のMPU6502が採用され、キーボード、CRTディスプレイ、フロッピーディスク装置で構成されていました。同機は、会社の事務処理や個人の税金処理などに大いに利用され、マイコン時代を築いた画期的な製品となりました。

---

[19] BASICとインタプリタについては後記(3.2.2項 プログラムの基礎)で扱います。
[20] 前年の1976年に基板コンピュータのApple Ⅰが試作され、その製造・販売のために設立されたのがアップル社です。

図 2-27　アップル II
提供：Apple

③ PC8001

1977 年に日本電気(株)が発売した日本初のマイコンです[21]。同機の CPU はザイログ社の Z80 でキーボード付きですが、CRT、FDD などはオプションでした。BASIC が ROM で内蔵され、日本でのヒット商品となりました。

④ IBM PC

IBM 社は、1981 年に同社初のパソコンである IBM PC5150 を発売しました。同機は、インテル社の 16 ビット CPU の 8088 を採用しており、IBM PC5150 から**パーソナルコンピュータ**（personal computer：**パソコン**）という用語が一般的になりました。

⑤ PC-9801

1982 年に日本電気(株)が発売したパソコンです。インテル社の 16 ビット CPU の 8086 を採用し、その後つぎつぎと後継機を発表し日本市場を独占するパソコンとなりました。しかし、**DOS/V 機**（後記⑧）の誕生で日本語処理の優位性がうすれ、市場は DOS/V 機へ移っていきました。

⑥ **マッキントッシュ**（Macintosh）

アップル社がアップル II に代わるシリーズとして、1983 年の Lisa に続いて 1984 年に発売したパソコンです。同機は、ゼロックス社の試作機で

---

[21] 前年の 1976 年に日本電気(株)は、マイコントレーニングキットの TK-80 を発売しました。同機は Altair-8800 より進歩した 16 進のキー入力と 16 進の LED 表示を備えていました。

あるアルト[22]や市販機のスター（Xerox Star）の仕様を部分的に採用していました。それらは、**マウス**、**GUI**[23]（**グラフィカルユーザインタフェース**）とよばれる今日のパソコンの機能を実現した画期的な製品でした。同機は、その後のアップル社の技術的な基盤を築くのに大きく貢献しました。

⑦ **IBM PC/AT**

1984年に発売された **IBM PC/AT** は、それまで互換性がなかったパソコンに互換性をもたせ、仕様をオープンにした**世界標準**のパソコンです。同機は、インテル社の16ビットCPUの **80286** を採用しました。仕様のオープン化により世界中で互換機が開発され、日本でも互換機がつくられましたが、漢字の処理だけは互換性がない状態でした。

図2-28　IBM PC/AT
提供：日本IBM

⑧ **DOS/V 機の登場**

1990年にIBM社は、特別な装置（漢字用ROMボードなど）を必要としないで、OS[24]のみで**漢字対応**もできる **DOS/V** というOSを開発し、その仕様を公開したパソコン（**DOS/V機**）を発売しました。これにより日本のパソコンはDOS/V仕様に統一されました。

---

[22] アルトについては、後記(2)①ゼロックス社で扱います。
[23] GUIについては、3.1.2項(1)③サービスプログラムで扱います。
[24] OSについては、3.1.2項(1)基本ソフトウェアで扱います。

(2) ワークステーションの誕生と発展

前記のパソコンがマイコンからの発展とすると、**ワークステーション**（Workstation：WS）は、中型コンピュータを技術者が個人で使えるようにしたものです。現在では、パソコンの性能向上でパソコンに含まれ、WSとよぶことは少なくなっています。以下にメーカ別にWSを取り上げます。

① ゼロックス社（Xerox Corporation）

米国ゼロックス社が1973年に開発した**アルト**[25]（Alto）は、世界初の**ワークステーション**（パソコンの祖先）の試作機でした。

同機には**マウス**、**GUI**[26]（**グラフィカルユーザインタフェース**）が装備されました。また、**イーサネット**[27]とよばれるネットワークも装備され、これは後にLANの規格として標準化されました。さらに、同機の基本ソフトウェアおよび、プログラミング言語でもある**スモールトーク**（Smalltalk）は、市販レベルで世界初の**オブジェクト指向プログラム**[28]を開発するための言語でした。

同社は1981年に、アルトを改良した**スター**（Xerox Star）を発売しましたが、時代を先取りしていたためと高額なため不発におわりました。

しかし、アルトやスターが目指した**アーキテクチャ**（**設計様式**）は、後にアップル社のLisa（1983年）、そして**マッキントッシュ**（1984年）に結実しました。

② DEC社（Digital Equipment Corporation）

米国DEC社は、**ミニコンピュータ**の世界最大のメーカとしてPDPシリーズやVAXシリーズのミニコンピュータを製造・販売していましたが、それをWS用に小型化したVAXステーションや**マイクロVAX**を1984年に発売しました。同社は、ネットワーク分野でも**イーサネット**を発展させた会社（3社）のひとつであり、1992年には世界最高速の64ビットのプロセッサ（**アルファ**）を開発するなど最先端の技術力をもっていました。しかし、大型コンピュータと、WSやパソコンのマーケティング

---

[25] アルトは、**アラン・ケイ**が提唱した概念上のコンピュータの**ダイナブック**を実現したものといわれました。
[26] GUIについては、3.1.2項(1)③サービスプログラムで扱います。
[27] イーサネットについては、4.2.1項(2)②で扱います。
[28] オブジェクト指向プログラムについては、3.3.3項で扱います。

戦略の問題などから市場を徐々に奪われ、1998年には米国コンパックコンピュータ社に併合されました。その後コンパックコンピュータ社は2001年に米国ヒューレット・パッカード（HP）社に併合されました。

③ アポロ・コンピュータ社（Apollo Computer, Inc.）
米国**アポロ・コンピュータ社**は、**エンジニアリング WS**（技術者向け WS：EWS）を開発する会社として 1980 年に設立されました。1981年にモトローラ社の **MC68000**（16 ビットの MPU）を採用した WS の **DN100** を発売しました。その後、独自の OS から UNIX 搭載に変更し、多くの WS を発売することで健闘しましたが、1989 年に HP 社に併合されました。

④ サン・マイクロシステムズ社（Sun Microsystems, Inc.）
米国**サン・マイクロシステムズ社**は、1982 年に設立された当初からオープン・ビジネスに徹底し、設計は自社で、製造は世界各社にまかせる手法で WS 市場を席巻しました。同社は、インターネットで使われているプログラミング言語のひとつである **Java**[29] を 1995 年に開発し、それをオープンに提供するなど、ソフトウェアの分野でも貢献しています。同社は、2010 年に米国オラクル社に併合されました。

（3）最近の動向

最近では、パソコンなどの性能向上にともない、WS は価格性能比の面で苦戦を強いられています。そのため、より価格性能比を高めたつぎに示すようなブレードサーバやコンピュータ処理のしくみが登場しています。

① ブレードサーバ（blade server）
1 枚の基板（ボード）上に実現した低価格のサーバで、一般には複数の基盤を標準のきょう体に挿入して使用するものです。基板を追加することで容易に処理能力を増強でき、電源を共有できるなどの特徴をもっています。ブレードサーバには多くの WS メーカなどが参入しています。

② 並列コンピューティング（parallel computing）
複数のコンピュータ（CPU）に並列処理させることにより、処理効率を上げるシステムのしくみのことです。個々の CPU は価格性能比の高い低額のものを採用し、全体の価格をおさえることもおこなわれています。

---

[29] Java については 3.2.2 項(3)プログラミング言語で扱います。

数千台以上の多数のコンピュータによる並列処理をすることにより、全体の性能を極限にまで向上し、処理スピードで世界最速を目指すことが**スーパーコンピュータ**の分野でも競われています。

③ **量子コンピュータ**（quantum computer）

現在ほとんどのコンピュータは、プログラム内蔵方式（ノイマン方式）を採用していますが、非ノイマン方式のコンピュータも実験的に試みられています。その中で今後の発展が期待されているのが量子コンピュータです。**量子コンピュータ**は、量子力学の素粒子のふるまいを応用したもので、通常のビットの概念と異なり、その最小単位は量子ビットとよばれます。n量子ビットあれば、2^n個の状態を同時に計算可能なため、劇的な高速処理ができるといわれています。しかしまだ、特定のアルゴリズムを解法する分野でのみ研究が進んでいる状態です。

2.4.4 論理回路の基礎

論理回路とは論理演算をおこなう電子回路のことで、コンピュータのCPUはこの論理回路により各種の計算や制御をおこなっています。

（1）論理演算とは

真と偽という2つの状態から、決められた規則にしたがって結果を得る計算方法のことです。真を英語でtrue、偽をfalseといい、この真と偽を1と0に対応させると、論理演算は2進数で表現できます。19世紀中頃に英国の数学者の**ブール**は、2進数の論理演算を数学的に表現しました。それは**ブール代数**とよばれています。コンピュータでは2進数の1と0を電気信号（電圧の高・低）に置き換え、ブール代数を応用して各種の演算処理をしています。

（2）論理演算の基本3種

論理演算の基本は、NOT（否定）、AND（論理積）、およびOR（論理和）の3種類です。それらの論理演算の結果をあらわした**真理値表**とよばれるものを表2-2に示します。

- NOT（否定）では、入力Aの論理値の否定が結果fとなります。論理式と論理記号（**MIL記号**といいます）を示します。

表2-2 論理演算の真理値表(1)

NOT(否定)

A	f
0	1
1	0

$f = \overline{A}$

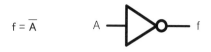

図2-29 NOTのMIL記号

・AND（論理積）では、入力A、Bが共に1のときのみ、結果fが1となります。論理式と論理記号を示します。

AND(論理積)

A	B	f
0	0	0
0	1	0
1	0	0
1	1	1

図2-30 ANDのMIL記号

なお、入力が3つある場合は
$f = A \cdot B \cdot C$ となります。

・OR（論理和）では、入力A、Bのどちらかひとつ以上が1のとき、結果fが1となります。論理式と論理記号を示します。

OR(論理和)

A	B	f
0	0	0
0	1	1
1	0	1
1	1	1

$f = A + B$

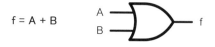

図2-31 ORのMIL記号

なお、入力が3つある場合は $f = A + B + C$ となります。

（3）論理演算の他の3種

論理演算には基本の3種類のほかに、おもにつぎの3種類があります。これらは、NAND（否定論理積）、NOR（否定論理和）、および XOR（排他的論理和）とよばれ、基本の3種類を組み合わせて作れます。これらの論理演算の結果を表2-3に示します。

・NAND（否定論理積：ナンド）では、入力A、Bが共に1のときのみ、結

果 f が 0 となります。論理式と論理記号を示します。

$f = \overline{A \cdot B}$

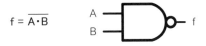

図 2-32 NAND の MIL 記号

なお、入力が 3 つある場合は、
$f = \overline{A \cdot B \cdot C}$ となります。

・NOR（否定論理和：ノア）では、入力 A、B どちらかひとつ以上が 1 のとき、結果 f が 0 となります。論理式と論理記号を示します。

$f = \overline{A + B}$

表 2-3 論理演算の真理値表（2）

NAND（否定論理積）

A	B	f
0	0	1
0	1	1
1	0	1
1	1	0

NOR（否定論理和）

A	B	f
0	0	1
0	1	0
1	0	0
1	1	0

XOR（排他的論理和）

A	B	f
0	0	0
0	1	1
1	0	1
1	1	0

図 2-33 NOR の MIL 記号

なお、入力が 3 つある場合は、$f = \overline{A + B + C}$ となります。

・XOR（排他的論理和：エクスクルーシブオア）では、入力 A、B が互いに異なるときのみ、結果 f が 1 となります。論理式と論理記号を示します。

$f = \overline{A} \cdot B + A \cdot \overline{B}$

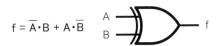

図 2-34 XOR の MIL 記号

（4）論理回路

前述のように論理回路とは、論理演算をおこなう電子回路のことです。電子回路の基本的なものは、前記(2)と(3)に取り上げた 6 種類の論理演算を電子回路として実現したものです。たとえば、NOT 回路（または**インバータ**）、

AND 回路、OR 回路などとよびます。これらの回路は 2 進数の 0 と 1 のディジタル数値を扱うため、**ディジタル回路**ともよばれます。

実際のコンピュータでは、ディジタル回路が多数使われています。ディジタル回路を組み合わせることにより、原理的には CPU のおもな電子回路を作ることができます。

つぎに XOR 回路の作り方を説明します。

① XOR 回路の作成

XOR 回路を基本 3 種の論理回路の組み合わせで実現します。

まず論理回路を論理式で示します。

$$f = \overline{A}B + A\overline{B}$$

上記式の左辺と右辺は「+」で結合されているので、**OR** の出力が、求める **XOR** の出力となります。入力の一方は $\overline{A}\cdot B$ で、他方は $A\cdot\overline{B}$ となります。

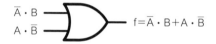

図 2-35 XOR の構成図 (1)

入力の上段は $\overline{A}$ と B が「・」で結合されているので、この入力は **AND** の出力となります。入力の下段も **AND** の出力となります（図 2-36）。

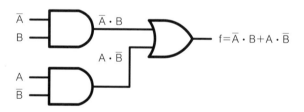

図 2-36 XOR の構成図 (2)

それぞれの AND の入力の片方に **NOT** を追加すれば完成します（図 2-37）。

② 加算器（半加算器・全加算器）

ここでは CPU の**演算装置**の基本回路となる**加算器**を取り上げます。まず 2 進数 1 ビットを加算する**半加算器**（half adder：HA）を考えます。

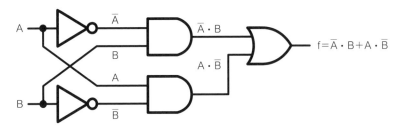

図2-37 XORの構成図(3)

入力をAとBとし、出力をS(サム)、ケタ上げ出力をC(キャリー)とすると、XORとANDの組合せで半加算器がつくれます(図2-38)。

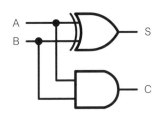

半加算器の真理値表

A	B	S	C
0	0	0	0
0	1	1	0
1	0	1	0
1	1	0	1

図2-38 半加算器の論理回路と真理値表

2進数の加算器は簡単に実現できましたが、たとえば8ビットの加算器をつくる場合は、下位ビットからのケタ上がりの入力(C_{n-1})も必要です。

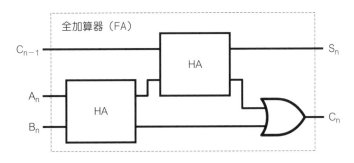

図2-39 全加算器(半加算器の組み合わせ)

それには、半加算器を2つ組み合わせた**全加算器**（full adder：FA、図2-39）を実現し、全加算器を8個組み合わせればよいことになります（図は省略）。

2.4.5 命令の基礎

現代のコンピュータのほとんどは、前記の**プログラム内蔵方式**（2.3.1項(2)）を採用し、あらかじめメモリ上に格納されたプログラムにより処理手順が決められます。プログラムは**命令**の集まりであり、命令の組み合わせでいろいろな処理を実行しています。

ここでは命令の基本について概説します。プログラムに関しては後記 3.2節 アルゴリズムとプログラムで扱います。

（1）命令語とは

コンピュータに与える命令を体系化したものです。コンピュータが直接認識できる命令語は機械語とよばれます。**機械語**は2進数であらわされており、そのままでは人間が理解しにくいため、機械語を英数字と記号であらわした**ニーモニック表記**を使います。ニーモニック表記でプログラムをあらわした言語を**アセンブリ言語**（3.2.2項(3)プログラミング言語）といいます。

（2）命令の実行の流れ

例として、**アッド命令**（ADD R1, 1000）の実行の流れを図2-40に示し、それを概説します[30]。この命令は、**汎用レジスタ**（R1）と**メモリ**（1000番地）の内容を加算して、結果を汎用レジスタ（R1）に入れる命令です。もし演算結果に**オーバーフロー**（桁あふれ）があれば**フラグレジスタ**のオーバーフローをセットします。メモリアドレス1000番地の内容は変わりません。数字は実行の順序番号で、同時におこなわれる処理（④、⑤、⑥）には同一番号が使われています。

① アドレス指定（メモリ）

　プログラムカウンタの中身（100）は、つぎに実行すべき命令語の格納番地のため、メモリのアドレス（100番地）を指定します。

---

[30] 命令の実行の流れはコンピュータによって異なります。ここではあくまでも仮想的なコンピュータで簡単に説明しています。

② **命令の取り込み（フェッチ）**

メモリから命令語を取り込み（**フェッチ**）、**命令レジスタ**に格納します。

③ **命令の解読（デコード）**

命令デコーダにより命令レジスタの内容を解読（**デコード**）した結果、ADD 命令で、対象はレジスタの R1 とメモリの 1000 番地とわかります。

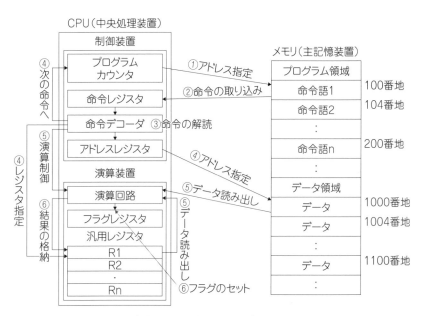

図 2-40　命令の実行の流れ（ADD 命令：ADD R1, 1000）

つぎの段階④〜⑥が実行（**エグゼキューション**）段階になります。

④ **つぎの命令へ**

ADD 命令が **4 バイト命令**（この例では）なので、**プログラムカウンタ**を 4 加算します。これによりつぎの命令は 104 番地から取り込みます。

④ **アドレス指定（メモリ）**

メモリのアドレス（1000 番地）を指定します。

④ **レジスタ指定**

汎用レジスタの R1 を指定します。

⑤ 演算制御

命令デコーダから ADD 命令用の制御信号を演算回路に送ります。

⑤ データ読み出し

メモリの 1000 番地の内容(データ)を読み出し、演算回路に入力します。

ほぼ同時に R1 の内容を読み出し、演算回路に入力します。

⑥ 結果の格納

演算回路の演算結果(加算の結果)が R1 に格納されます。

⑥ フラグのセット

演算結果にオーバフロー(桁あふれ)があれば、フラグレジスタのオーバフローフラグをセットします。

(3) 基本的な命令の例

仮想的なコンピュータの基本的な命令をニーモニック表記で示し、各命令の実行について概説します[31]。なお、メモリのアドレスは 16 進数(例:$1000_{(16)}$)で表記されますが、それを省略しています。

① ロード命令(LD 命令)

メモリから汎用レジスタとよばれる CPU の一次記憶場所にデータを読み込む命令のことです。たとえば「LD R1, 1000」は、メモリのアドレス 1000 番地の内容を汎用レジスタの R1 に読み込みます。メモリアドレス 1000 番地の内容は変わりません。

② ストア命令(ST 命令)

LD 命令と反対に、汎用レジスタの内容をメモリに書き込む命令のことです。たとえば「ST R1, 1004」は、汎用レジスタ R1 の内容をメモリアドレス 1004 番地に書き込みます。汎用レジスタの内容は変わりません。

③ ムーブ命令(MV 命令)

メモリの内容を別のメモリに書き込む命令のことです。たとえば「MV 1100, 1004」は、メモリアドレス 1004 番地の内容を 1100 番地に書き込みます。1004 番地の内容は変わりません。

---

[31] ニーモニック表記の内容や、基本的な命令の内容はコンピュータによって異なります。ここではあくまでも仮想的なコンピュータで簡単に説明しています。

④ アッド命令（ADD 命令）

前記（(2)命令の実行の流れ）で説明済みのため省略します。

⑤ コンペア命令（CMP 命令）

汎用レジスタとメモリの内容を比較した結果を、**フラグレジスタ**にセットする命令です。たとえば「**CMP R1, 1004**」は、汎用レジスタ R1 とメモリアドレス 1004 番地の内容を比較し、R1 の方が大きければフラグレジスタの中の G フラグを**セット**、小さければ G フラグを**リセット**、等しければ E フラグを**セット**します。CMP 命令はつぎの条件ジャンプ命令とペアで使います。

⑥ ジャンプ命令（JMP 命令：分岐命令）

指定したメモリの番地へジャンプする命令です。無条件にジャンプする命令と、条件が合えばジャンプする条件ジャンプ命令があります。たとえば、**条件ジャンプ命令**（JPE：Jump Equal 命令）の「**JPE, 1100**」の場合は、実行時に CPU の E（equal、等しい）フラグがセットされていれば 1100 番地の命令の実行へ飛び越します。E フラグがリセットされていればジャンプせずに、**つぎの命令**に進みます。

（4）命令とプログラム

命令には、上記(3)で示した以外に各種のものがあります。たとえば、外部入出力装置とのデータのやりとりについての**入出力命令**（IN あるいは OUT）もあります。コンピュータの種類により命令の種類は大きく異なりますが、基本的には 40 種類程度です。ただし、1 種類の命令について数種類の変化型があるため、全体では 100～200 種類程度の命令が存在します。**プログラム**はそれらの命令を組み合わせることで作られています。

実際にコンピュータに処理をさせるためには、**アルゴリズム**（または解法手順）とよばれる手順を使ってプログラムを作成します。またプログラムを作成することを**プログラミング**といいます。アルゴリズムやプログラミングについては 3.2 節 アルゴリズムとプログラムで取り上げます。

演習問題

1. コンピュータの歴史で、自動機械と電子計算機とを区別する要素はなにかを答えてください。

2. 世界最初の電子計算機の名称を答えてください。

3. 1949年に開発されたEDSACに使われたコンピュータの画期的な方式の名称を答えてください。

4. コアメモリとICメモリの最大の違いはなにかを答えてください。

5. 1971年に小型のICチップで実現され、今日のコンピュータ技術の発展に大きな影響を与えた発明品の名称を答えてください。

6. 四則演算や論理演算などをおこなうコンピュータの装置の名称を答えてください。

7. メインメモリとして一般的によく使われ、スピードは遅いが、大容量化が容易な記憶素子の名称を答えてください。

8. 文字や写真、図などをディジタルデータとして読み込む装置の名称を答えてください。

9. 専用のディスプレイ画面に直接触れることによって入力ができる装置の名称を答えてください。

10. AND回路とOR回路のそれぞれの出力を否定した論理回路の名称をそれぞれ答えてください。

11. 機械語を英数字と記号であらわす表記法の名称を答えてください。

12. CPUの演算結果などにより、つぎの命令を飛び越すかどうかを判断する命令の名称を答えてください。

3. ソフトウェアとデータベース

■■ **本章の概要** ■■

　本章ではまず、ソフトウェアの種類とアルゴリズムについて取り上げます。つぎに、アルゴリズムをコンピュータの命令語で書きあらわすプログラミング言語についてみたうえで、プログラムの構造化設計、プログラミング技術の構造化プログラミング技法と、オブジェクト指向プログラミング技法について説明します。その後、ソフトウェア分野の各種技術者について取り上げます。最後に複数のプログラムが扱うデータを一元管理する概念であるデータベースについて説明します。
　なお、「ソフトウェア開発」については、5章で「システム開発」に含めて取り上げます。

|学習目標|
- ソフトウェアとはなにかを説明でき、その種類をあげることができる
- アルゴリズムとはなにかを説明できる
- プログラミングとはなにかを説明できる
- プログラミング言語の種類と特徴について説明できる
- 構造化設計の特徴について説明できる
- 構造化プログラミング技法の特徴について説明できる
- オブジェクト指向プログラミング技法の特徴について説明できる
- ソフトウェア分野に関連する技術者について説明できる
- データベースで取り扱うデータモデルの種類を説明できる
- リレーショナルデータベースの正規化について説明できる
- スキーマの種類について説明できる

3.1 ソフトウェアの基礎

コンピュータシステムのソフトウェアとは、システムを構成する**情報**の部分ととらえられます（前記 2.4 節 コンピュータのハードウェア）。ここではそのソフトウェアについて取り上げます。

3.1.1 ソフトウェアとはなにか

（1）ソフトウェアの意味

コンピュータシステムを構成する個々の機器と、それをまとめた機械全体を**ハードウェア**（硬いものという意味）とよぶのに対して、それ以外のコンピュータシステムの情報部分である**プログラム**や、**処理の手順**などをソフトウェア（柔らかいもの）とよびます。**ソフトウェア**[1]は、コンピュータの処理手順を命令語で表したプログラムや、プログラムで使用する**データ**を含みます。プログラムについては後記（3.2.2 項 プログラムの基礎）で扱います。

具体的には、それまで人が行っていた業務をコンピュータに処理させるための**応用プログラム**とよばれるものや、そのようなソフトウェアを作成するための**プログラム開発ツール**、そしてコンピュータの基本的な動作の制御およびソフトウェアの利用を支援するための**基本ソフトウェア**、およびそれらのプログラムなどで使われる**データ**と**データ構造の記述**をソフトウェアとよびます。

（2）ソフトウェアの語源

ソフトウェアという用語は、初期のコンピュータである ABC マシンや ENIAC ではまだ存在しませんでした。コンピュータの処理手順は、今のようにプログラミング言語を使用して作成した命令の組合せで実現するのではなく、配線を差し込む**配線盤**と**スイッチ**を設定することで実現していました。そのため、コンピュータに異なる処理をさせるには、その度ごと、配線盤に異なる配線をし、スイッチの設定を変えなければならないという複雑で骨が折れる作業が必要でした。

---

[1] ソフトウェアとは、情報処理システムのプログラム、手続き、規則および関連文書の全体または一部のこと、と定義されています。（JIS 情報処理用語）

ソフトウェアという用語がコンピュータの分野で初めて使われたのは、1950年代始めといわれています。この頃になると、前記（2.3節 コンピュータ関連技術の発展）で述べた**プログラム内蔵方式**が使われるようになりました。コンピュータの処理の単位である命令を**機械語**や**アセンブリ言語**（3.2.2 項(3)）であらわせるようになり、**ソフトウェア**（または**ソフト**）という用語が誕生しました。

また命令をあらかじめ機械語に置き換え、**紙テープ**などの媒体に穴を開けることで記憶させることができたので、それまでの配線やスイッチによる方法より、はるかに柔軟で効率的な利用ができるようになりました。ソフトウェアの使用により、コンピュータシステムによる**処理の生産性**が大きく向上しました。

3.1.2 ソフトウェアの種類

もともとソフトウェアは**基本ソフトウェア**と**応用ソフトウェア**に大別され、基本ソフトウェア上で応用ソフトウェアが動作していました。しかし、ソフトウェアの発展とともに、両ソフトウェアの中間に位置する**ミドルウェア**も登場しました。ソフトウェアの種類（3種）と各ソフトウェアの分類について図3-1に示します。

```
基本ソフトウェア（オペレーティングシステム）
  ・制御プログラム（狭義のOS）
  ・言語プロセッサ
  ・サービスプログラム（ユーティリティ）
ミドルウェア
  ・データベース管理システム
  ・TPモニタ など
応用ソフトウェア（アプリケーション）
  ・個別アプリケーション
  ・共通アプリケーション
```

図 3-1 ソフトウェアの種類

（1）基本ソフトウェア

基本ソフトウェアは、**オペレーティングシステム**（Operating System）、あ

るいは省略して **OS** とよばれます。OS は、ハードウェアの基本的な動作を制御したり、ソフトウェアの利用を支援したりする機能があります。これらの機能を実現するために OS には、**制御プログラム**（狭義の OS）、**言語プロセッサ**、**サービスプログラム**（ユーティリティ）が含まれます。

① 制御プログラム（狭義の OS）

制御プログラムは狭義の OS であり、コンピュータのソフトウェアの中心となります。狭義の OS としての代表例を以下に取り上げ、つぎに、制御プログラムの機能を説明します。**言語プロセッサ**については、後記（3.2.2 項(4)言語プロセッサ）で扱います。

a．UNIX

米国 AT&T 社の**ベル研究所**で、1968 年に**ケン・トンプソン**と**デニス・リッチー**により開発された OS です。

UNIX は 1973 年に、C 言語（3.2.2 項(3)c）というコンピュータの機種に依存しない移植性の高いプログラミング言語で記述されました。それにより機種が代わっても C 言語が使えれば互換性があるため、数多くのコンピュータの機種で使われています。UNIX は、1 台のコンピュータを複数のユーザが同時に使用可能な**マルチユーザ**の機能をもったため、ネットワークを介して多くの利用者のパソコン端末から UNIX 上の各種作業ができる特長をもっています。

b．Linux

フィンランドの**リーナス・トーバルズ**により1991年に開発された UNIX と互換性をもつ OS です。

Linux は、インターネット上で無償提供されたため、またたくまに世界中に普及し、現在ではインターネット用のサーバでもっとも使われている OS となっています。Linux は世界中のボランティア開発者によって開発と改良が進められ、最近では携帯電話やディジタル家電などの組み込み機器の OS としても使われています。

c．Windows

米国マイクロソフト社の OS で、正式には **Microsoft Windows** といい、1985 年に **Windows1.0** が発売されました。この OS は **MS-DOS**（マイク

ロソフト・ディスク・オペレーティングシステム)[2]という OS 上で、**グラフィカルユーザインタフェース**（GUI：後記③で説明）を実現するものとして提供されました。当時の GUI は発展途上のもので、本格的な GUI は、**Windows3.0**（1990 年）からでした。その後、**Windows95**（1995 年）には、インターネットのウェブページを簡単に閲覧できるブラウザ（インターネットエクスプローラ）が含まれました。当時からパソコンの OS としてナンバー 1 となり、**デファクトスタンダード**[3]の地位を占め、サーバ用としても使われています。

d．Mac OS と OS X

Mac OS は、米国アップル社が 1984 年に販売した Macintosh のために開発された OS です。GUI をパソコンで初めて使用した誰にでも使いやすい OS として、Microsoft Windows とは違う面で人気をえています。その後、UNIX ベースを含む OS へと進化し、2010 年からは **OS X**（オーエステン）へと発展しています。

② **制御プログラムの機能**

OS には、図 3-2 に示すような各種の**制御プログラム**としての機能があります。以下に説明します。

```
制御プログラム
・タスク管理（プロセス管理）
・ジョブ管理
・ファイル管理
・メモリ管理
・入出力管理
```

図 3-2　制御プログラムの機能

a．**タスク管理（プロセス管理）**

OS が作業の単位である**タスク**を管理することで、**プロセス管理**ともよばれます。

---

[2] MS-DOS は、**CUI**（③a.CUI で扱います）を利用する OS です。
[3] デファクトスタンダードとは、市場競争の結果決まった標準のことです。

一度に1つのタスクを管理する**シングルタスク管理**から、現在は一度に複数のタスクを管理する**マルチタスク管理**が一般的になっています。

b．ジョブ管理

ユーザがコンピュータに作業させる仕事の単位である**ジョブ**を管理することです。

1つのジョブは1つ以上のタスクから構成されるので、ジョブ管理は複数のタスク管理を制御します。**ジョブ管理**によるコンピュータの処理にはバッチ処理、リアルタイム処理、および時分割処理があります。

- **バッチ処理**：ジョブで処理するデータを一定期間の間（1日など）まとめておいて、ジョブの**一括処理**をする方式です。
- **リアルタイム処理**：ジョブを与えると、**即時に処理**して完了する方式です。銀行の ATM のサービスなどは同処理でおこなわれます。
- **時分割処理**（TSS：Time Sharing System）：コンピュータ処理時間を微少な時間に**分割**し、複数のジョブを**同時処理**する方式です。

c．ファイル管理

OS がデータを管理する単位である**ファイル**を管理することです。

ファイルはひとまとまりのデータであり、ハードディスク装置などにファイル単位で記憶され、ファイル名で識別されます。ファイルは複数の**レコード**から構成されており、以下のような種類があります。

- **プログラムファイル**：プログラムが格納されているファイル
- **データファイル**：データが格納されているファイル

なお、ファイルを管理するためのソフトウェアを**ファイルシステム**といいます。ファイルシステムには以下の機能があります。

- **ファイルシステムの機能**
    - ファイルの構造に対処：**ディレクトリ構造**（ファイルを格納するフォルダとファイルの構造）への対処
    - ファイルの操作：ファイルのオープン、読み出し、書き込み、クローズの処理
    - ファイルの分類：ファイルの種類、作成日時、ファイル名など

で分類する機能
- ファイルの属性管理：ファイルがもつ属性に対処する機能
- ファイルの保護：ファイルの書き込み禁止、パスワード設定、バックアップ作成など

d．メモリ管理

タスクに該当するソフトウェアや、データをメモリに読み出して実行できるようにメモリの領域などを管理することです。

プログラムのサイズが大きい場合は、メモリにすべてを格納できないので、ハードディスク装置などを仮想的なメモリとして管理する**仮想記憶領域管理**が必要になります。

e．入出力管理

コンピュータに接続されている周辺機器である**入出力装置**を使用できるように管理することです。

入出力装置は、**デバイスドライバ**で制御されています。デバイスドライバは、前記（2.4.2項(1)②）で扱っています。

③ **サービスプログラム（ユーティリティ）**

OSに含まれる特定（便利）なサービスを提供するプログラムのことで、**ユーティリティ**ともいわれます。

以下のようなユーティリティが提供されます。

a．**CUI**：キャラクタベースドユーザインタフェース
b．**GUI**：グラフィカルユーザインタフェース
c．**テキストエディタ**機能：テキストの簡易編集機能
d．**ユーザ管理**：ユーザID、パスワードによるログイン機能
e．**ネットワーク接続・管理**：ネットワークプロトコルの機能
f．**コンピュータウイルスチェック**機能：コンピュータウイルスなどを検知・削除する機能

以下にCUIとGUIを取り上げます。

a．CUI（Character based User Interface）

コンピュータに与える命令をキーボードからの**文字入力**でおこなうインタフェースのことです。

前記の Windows では、ディスプレイに表示される**コマンドプロンプトウィンドウ**とよばれる画面に、入力された文字が表示されるので、文字入力ベースでコンピュータと対話しながら操作することができます。現在では CUI を使うことは少ないですが、ネットワークに対する操作（ネットワークコマンド）などでは CUI が使われています。

　b．GUI（Graphical User Interface）

画面上に表示された図形などをマウスなどでクリックすることにより、簡単にプログラムを起動させたり、各種の処理をさせたりすることができるインタフェースのことです。

Windows では、Windows1.0 から実装されています。GUI が提供されるまでは、CUI による操作が必要でしたが、GUI の登場でほとんどの操作は GUI でおこなえるようになり、便利になりました。

④ **組み込みソフトウェア**（embedded software）

コンピュータのみならず、家電製品や自動車などの機能仕様を実現する部品としてのソフトウェアのことです。

その意味ではつぎに説明する応用ソフトウェアの一種とされる場合もありますが、携帯電話やスマートフォンに搭載される OS も組み込みソフトウェアとよばれます。

（2）**応用ソフトウェア**（application software）

応用ソフトウェアは、**アプリケーションソフトウェア**、**アプリケーション**または、**アプリ**ともよばれます。応用ソフトウェアは以下に示すように、各種業務で共通に使用される**共通アプリケーション**と、各種業務で個別に使用される**個別アプリケーション**にわけられます。

① **共通アプリケーション**

共通アプリケーションには、**ワープロソフト**（マイクロソフト社の Word など）、**表計算ソフト**（マイクロソフト社の Excel など）、**データベース**ソフト（マイクロソフト社の Access など）などがあり、マイクロソフト社の**オフィス**製品はこれらの共通アプリケーションが統一操作仕様のもとにまとめて市販されている**パッケージソフトウェア**製品です。

② 個別アプリケーション

個別アプリケーションには、販売管理ソフト、財務管理ソフトや人事管理ソフトなど、企業の各業務単位で使われるソフトウェアがあります。個別アプリケーションには、市販されている**アプリケーションパッケージ**と、個別に企業の業務向けに開発する**個別開発アプリケーション**があります。市販のアプリケーションパッケージは標準的な業務に対応していますが、企業の特別な業務に対応させるのは困難な場合があります。そのような場合は、個別開発アプリケーションを採用することになります。個別開発アプリケーションは業務プロセスに合わせて開発するのできめ細かな対応ができますが、開発費はたいへん高額になります。

(3) ミドルウェア

OS ほど共通ではないですが、多くのシステムで共通に用意されていれば便利な機能を提供する中間的なソフトウェアのことです。

ミドルウェア[4]は、OS を介して使うことができるようになっており、OSと応用ソフトウェアの中間の性格をもつことからミドルウェアとよばれます。代表的なミドルウェアには、データベースを管理する**データベース管理システム**（3.5.3 項）、複数の関連する処理をまとめて管理して処理する**トランザクション・プロセシングモニタ**（TP モニタ）や、ネットワークを監視したり管理したりする**ネットワーク管理システム**などがあります。

3.2 アルゴリズムとプログラム

コンピュータにより問題を解決するための概念である**アルゴリズム**と、それをコンピュータ上に実現する**プログラム**について取り上げます。

3.2.1 アルゴリズム

(1) アルゴリズムとは

アルゴリズム（**解法手順**ともいう）とは、問題を解決するときの解法の手

---

[4] ミドルウェアは、ミドル（中間の）とソフトウェアを組み合わせた造語です。

順のことです[5]。アルゴリズムは、計算や推論という基本的な手順から構成されており、それらの手順をいくつか組み合わせることにより結論が導かれます。また、入力されたデータから解を求めるためには条件判断に基づく分岐や繰り返しをもちいながら複数の処理をおこなう必要があります。

つぎに、代表的なアルゴリズムのひとつである**ソート**について解説し、その手続きの流れを**フローチャート**（または**流れ図**）であらわします。

（2）ソート

数値などから構成される複数の要素を昇順（小さい順）、あるいは降順（大きい順）に並べ替える処理を**ソート**といいます。またそのような並べ替えを実行することを**ソーティング**（整列化）といいます。ソートを実現するにはいくつかのアルゴリズムが知られていますが、ここではもっとも基本的なアルゴリズムである**バブルソート**を取り上げます。

バブルソートをもちいて数値を昇順に並べ替える手順を図3-3に示します。

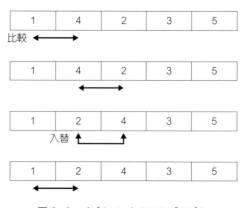

図3-3 バブルソートのアルゴリズム

① 列の先頭にある数値と、そのつぎにある数値を**比較**します。
② もし、はじめにある数値がつぎの数値より**大きければ**、2つの数値を入れ替えます。そうでなければ何もおこないません。

---

[5] アルゴリズムの概念は、アラビアの数学者が代数方程式の解法を著した書物（820年）に始まるといわれています。その著者名である（Abu Ja'far Mohammed ibn Musa al-Khwarizmi）から「アルゴリズム」とよばれるようになりました。

③ 数値を入れ替えなかった場合は、**つぎの数値**に対して同様の処理をおこないます。数値を入れ替えた場合は列の**先頭にもどり**、同じ処理を繰り返します。

④ 列の最後の数値にたどり着くまで上記の手順を**繰り返します**。

バブルソートのアルゴリズムでは条件分岐と繰り返しを利用します。基本的にはどのようなアルゴリズムであっても、バブルソートと同様に条件分岐と繰り返しで実現することができます。

(3) **フローチャート**

バブルソートのアルゴリズムを**フローチャート**（流れ図）であらわしたものを図3-4に示します。なお、フローチャートではあらかじめ決められた**シンボル**が使われます。この図では、バブルソートのフローチャートに使われているシンボルを示しています。

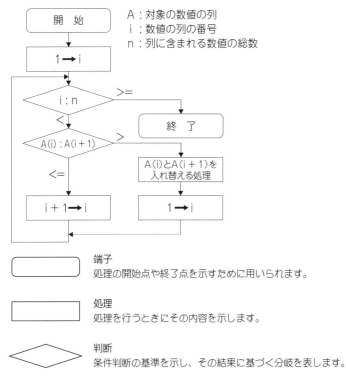

図3-4 バブルソートのフローチャートとシンボル

3.2.2 プログラムの基礎

(1) プログラムとデータ構造
① プログラムとは
　　コンピュータが情報を処理する際には、あらかじめ決められた手順に沿ってその処理がおこなわれますが、その**手順**がアルゴリズムであり、それをコンピュータが実行できる形式に変換したものが**プログラム**です。

② データ構造とは
　　プログラムは大量のデータを処理することがよくあります。そのようなときには、対象のデータは処理しやすいように組織化する必要があります。そのように組織化されたデータ群のことを**データ構造**といいます。なお、データ構造を処理する手順は、前記のアルゴリズムですので、アルゴリズムとデータ構造で構成されたものが**プログラム**ともいえます。

アルゴリズム ＋ データ構造 ＝ プログラム

　基本的なデータ構造には、**リスト**、**木構造**、**グラフ**の3つがあります。

　　a．リスト
　　　データを論理的に**並べた構造**のことです。**リスト**では、データの並び順でデータにアクセスすることができます。

　　b．木構造
　　　木を逆さまにしたような構造のことで、データ同士に**親子関係**があります。**木構造**のデータは、親から順に子、孫というようにアクセスすることができます。

　　c．グラフ
　　　データ間に**複数の関係**をもつ道路網のような構造のことです。**グラフ**では、データ間の関係を自由に設定することができます。

　以下では、プログラムに関連したその他の用語についてみていきます。

(2) プログラミングとは
　コンピュータになにか新しい仕事をさせるためには、プログラムを作成しなくてはなりません。プログラムを作成する作業のことを**プログラミング**と

いいます。プログラミングでは、すぐに特定の**プログラミング言語**を取り上げて命令語を書き始めるのではなく、処理手順である**アルゴリズム**を考えることが大切です。アルゴリズムの段階で処理手順の論理的な誤りを無くしたうえで、それをプログラミング言語に**置き換える**ようにすすめていくことが大切です。そのようにすれば、処理手順であるアルゴリズムの**再利用**もできるようになります。

（3）プログラミング言語

プログラムを記述するために体系化された言語のことです。プログラミング言語には、**機械語**（0または1の2進数で表現）などの**低水準言語**と、人間の言語に近い**高水準言語**があります。高水準言語には**コンパイラ言語**と**インタプリタ言語**があります。順に説明します。

① 低水準言語

低水準言語には、**機械語**と**アセンブリ言語**があります。

a．機械語

コンピュータが直接扱える言語で、**マシン語**ともいいます。機械語は2進数で表現されるため人間にとって扱いにくく、機械語に精通した特殊な能力が必要なため、機械語によるプログラミングは通常はおこなわれません。人間が理解しやすいように英数字と記号に置き換えた**ニーモニック表記**で機械語をあらわします。このようにニーモニック表記でプログラムをあらわす言語を**アセンブリ言語**といいます。

b．アセンブリ言語

機械語を機械語と1対1に対応する英単語の省略形と数字や記号の組合せであらわした言語です。コンピュータが誕生した初期から中期の段階では、コンピュータのハードウェアとソフトウェアを熟知した技術者は、**アセンブリ言語**でプログラムを作成するほうが効率的とされてきました。しかし現在では、わかりやすさが優先するため、スピードを要求されるときやメモリ容量の制限が厳しいときなどの特別な場合を除いて、アセンブリ言語が積極的に使われることは少なくなりました。

② コンパイラ言語（高水準言語）

われわれが使う英語などの文章に近い形でプログラムを作成することができる言語です。**高水準言語**には、**コンパイラ**（後記(4)③）により、機械語のレベルに一括翻訳される**コンパイラ言語**があります。ここではコンパイラ言語の FORTRAN、COBOL、C 言語、Java についてみていきます。なお、高水準言語の BASIC はコンパイラ言語ではなく**インタプリタ言語**とよばれます。

a．FORTRAN（Formula Translator）

米国 IBM 社の**ジョン・バッカス**らにより 1957 年に開発された世界初の実用化レベルの高水準言語です。**FORTRAN** は、科学技術計算用に使われるプログラミング言語で、この名称は、数式翻訳（formula translation）に由来しています。ほとんどのプログラムは通常の数式を書くだけで、これを計算するプログラムに翻訳されるのが特徴です。FORTRAN はその後何度も改版され、1991 年には ISO（国際標準化機構）に制定されました。

FORTRAN のプログラム例（How are you?の出力）をつぎに示します。

```
program greeting
write(*,*) 'How are you?'
end program greeting
```

b．COBOL（Common Business Oriented Language）

事務処理用のプログラミング言語を代表する言語です。**COBOL** は 1959 年に、米国防総省が事務処理用のプログラミング言語を統一したことにより誕生しました。**CODASYL**（Conference On Data Systems Language）とよばれる団体により、1960 年に最初の COBOL である **COBOL60** が発表されました。その後何度も改版され 1972 年には ISO に制定され、現在でも事務処理用に使われています。

COBOL のプログラム例（How are you?の出力）をつぎに示します。

```
IDENTIFICATION DIVISION.
PROGRAM-ID. GREETINGS.
ENVIRONMENT DIVISION.
DATA DIVISION.
PROCEDURE DIVISION.
DISPLAY "How are you?".
STOP RUN.
```

c．C言語

米国ベル研究所の**デニス・リッチー**らにより1972年に開発されたプログラミング言語です。C 言語[6]は、それまでアセンブリ言語で記述されていた UNIX を高級言語で記述する目的で開発されました。

C 言語の特徴は、簡潔な記述であるとともに**データの型**が豊富に用意されているのでビット単位の計算などが自由におこなえるため、入出力プログラムの記述に向いていることです。この特徴により、これまで、効率的な入出力関連のプログラムはアセンブリ言語で書くことが一般的でしたが、C 言語でも書けるようになりました。

C 言語のプログラム例（How are you?の出力）をつぎに示します。

```
/* program greetings */
#include <stdio.h>
main()
{
printf("How are you?¥n");
}
```

d．Java

インターネットのウェブアプリケーションの開発などに利用される**オブジェクト指向型言語**のひとつです。オブジェクト指向については後記（3.3.3項）で扱います。

---

[6] C 言語は同じベル研究所のケン・トンプソンにより開発された B 言語を改良してつくられたため、「C 言語」という名称になっています。

Javaは、米国**サン・マイクロシステムズ社**により1995年に開発されました。Javaで作成したプログラムは、**Java仮想マシン**（Java Virtual Machine：JVM）とよばれるプログラムの上で動作します。JVMがコンピュータにインストールされていれば、原則としてどのようなOSの上でもJavaで作成したプログラムを稼働させることができるのが特長です。

Javaのプログラムには、スマートフォンやコンピュータにインストールして実行する**Javaアプリケーション**のほかに、サーバ上でインターネットのウェブのアプリケーションとして動作する**サーバサイドJava**や、Webページに埋め込まれる形でブラウザの上で動作する**Javaアプレット**とよばれるものがあります。

Javaのプログラム例（How are you?の出力）をつぎに示します。

```
public class Greetings {
  public static void main(String args[]) {
    System.out.println("How are you?");
  }
}
```

③ インタプリタ言語（高水準言語）

前記のコンパイラ言語とことなり、コンピュータのプログラム実行時に、1語ずつ機械語に翻訳されて実行されるプログラミング言語です。

ここではインタプリタ言語のBASICと**スクリプト言語**をみていきます。

a．BASIC（Beginners' All-purpose Symbolic Instruction Code）

1965年に米国ダートマス大学の**ケメニー**と**クルツ**が開発した対話型でプログラミングをおこなうためのインタプリタ言語です。

BASICは、開発時に中間言語まで翻訳され、プログラムの実行時に**インタプリタ**（後記(4)②）により1語ずつ機械語に翻訳しながら実行されるプログラミング言語です。そのため、初心者が間違いやすいプログラミング上の問題もその場で解決できやすくなっています。

現在では BASIC はあまり使われていませんが、BASIC から進化したコンパイラ言語でもある **Visual Basic**[7]（マイクロソフト社製品）は、画面設計用などによく使われています。

BASIC のプログラム例（How are you?の出力）を示します。

```
-------------------------------------------
 'Program Name "Greetings"
 PRINT "How are you?"
 END
-------------------------------------------
```

b．スクリプト言語

インタプリタ言語のひとつですが、スクリプト（台本）を書くように簡単にプログラムがつくれるプログラミング言語です。コンパイラ言語のように翻訳の手間がかからず、プログラムの実行時に自動的に機械語に変換がおこなわれるので、小規模なプログラムを簡単につくれるため**簡易プログラミング言語**ともよばれます。

スクリプト言語でつくられたプログラムは**スクリプト**とよばれ、コンパイラ言語とくらべてその機能はコンパクトで少ないですが、習得が容易でプログラムの作成も簡便です。スクリプト言語は、特にインターネットの Web サーバ用のプログラムを簡単に作成するのによく使われています。

スクリプト言語には、**Perl**、**PHP**、**Python**、**VB Script**、**JavaScript**、**Ruby**[8] などがあります。Perl、PHP、Ruby のプログラム例（How are you?の出力）をつぎに示します。

```
--Perl-------------------------------------
 print 'How are you?';
-------------------------------------------
```

---

[7] Visual Basic は当初、インタプリタ言語でしたが、1997 年からコンパイラ機能が装備され、コンパイラ言語としても使われています。
[8] Ruby は、島根県の松本行弘が開発した日本で数少ないプログラミング言語です。

```
--PHP------------------------------------
 print "How are you?";
------------------------------------------

--Ruby-----------------------------------
 print ('How are you?')
------------------------------------------
```

（4）言語プロセッサ

人間が理解しやすい形式で作成されたプログラミング言語の**ソースプログラム**を、コンピュータが直接実行できる機械語に翻訳するためのプログラムです。言語プロセッサには、**アセンブラ**、**インタプリタ**、および**コンパイラ**があります。

① アセンブラ

アセンブリ言語で書かれたソースプログラムを、コンピュータが直接実行できる機械語に翻訳する機能をもつ言語プロセッサです。機械語に翻訳されたプログラムを**オブジェクトプログラム**（または**オブジェクト**）といいます。

② インタプリタ

BASICなどの**中間言語**まで翻訳されたプログラムを、プログラムの**実行時**に1語ずつ機械語に翻訳する機能をもつ言語プロセッサです。そのため、インタプリタが必須なプログラムの実行には時間がかかるという欠点があります。その反面、プログラムが未完成な場合に、問題箇所がすぐわかるという利点があります。

③ コンパイラ

前記したように**高水準言語**（C言語など）で書かれたソースプログラムを、機械語に直接翻訳する機能をもつ言語プロセッサです。機械語に翻訳されたプログラムを**オブジェクトプログラム**（または**オブジェクト**）といいます。

なお、大きなプログラムは**モジュール**とよばれる細分化したプログラム単位で開発がおこなわれ、**コンパイラ**によりモジュール単位で翻訳され

ます。そこでできた複数のオブジェクトプログラムは、最終的に**リンカ**とよばれるコンパイラのツールにより統合され、1本の大きなオブジェクトプログラムにまとめられます。

（5）プログラムの構成要素

プログラミング言語によって作成されるプログラムには、いろいろな要素が含まれます。ここでは、**定数**、**変数**、**算術式**、**論理式**、**実行文**、**非実行文**について、順にみていきます。

① 定数

値が変化することがないデータのことです。**定数**には、整数型、浮動小数点型や文字型があります。

② 変数

値が変化するデータのことです。一般に**変数**は英文字ではじまる名称をもちます。変数は、ある値を格納して使われ、途中の条件によってその値が変化します。

③ 算術式

四則演算をあらわした式のことです。**算術式**は、定数や変数を**演算子**（＋、−、＊、/など）で結合したものです。

④ 論理式

論理演算をあらわした式のことです。**論理式**は、定数や変数を**論理演算子**（AND、ORなど）で結合したものです。また条件を与える if 文の場合も論理式とよばれます。

⑤ 実行文

一般的なプログラムの**操作**をあらわした文のことです。算術式や論理式に対し、操作を記述したものも実行文とよばれます。**実行文**はコンパイラ言語では、コンパイラによって機械語に翻訳されます。

⑥ 非実行文

実行文以外の文のことです。**非実行文**は、変数の型を**宣言**したり、新しく型の**定義**をしたりなど、コンパイラが翻訳する際の処理方法に指示を与えたりするものです。

3.3 プログラム設計とプログラミングの技術

プログラムを設計するときの技術として**構造化設計**を取り上げます。つぎに、プログラミングのときの技法である**構造化プログラミング技法**と**オブジェクト指向プログラミング技法**について取り上げます。

実際のソフトウェア開発やシステム開発の過程については、後記(5.1 情報システムの開発)で取り上げます。

3.3.1 構造化設計

(1)構造化設計の必要性

極端に単純な機能のソフトウェアならば、プログラムの処理の流れを**フローチャート**にあらわし、フローチャートをチェックして問題がなければ、そのまま**プログラミング言語**でプログラムを作成することで開発できます。しかし、実際のプログラムは多くの機能を有し、複雑な処理の流れとなるので、フローチャートを作成することも難しくなります。このような場合は、プログラム全体を単純な機能に分割していく**モジュール分割**の方法が有効です。**構造化設計**では、**モジュール**に分割した1つひとつを部品として扱い、その部品の設計をおこないます。各部品を設計内容に基づいて完成させたら、それらを組み合わせることで分割する前の全体のプログラムを実現することができるようになります。構造化設計により、複雑なプログラムを比較的容易に完成させることができるようになります。

(2)構造化設計の利点

構造化設計をおこなうことで、プログラム全体が理解しやすくなります。また、不具合を極力なくして、品質の高いプログラムを開発することができます。さらに、ここで作成したモジュールとしてのソフトウェアは、別のプログラムの部品として**再利用**することも可能になります。

(3)構造化設計の手順

構造化設計はつぎに示す手順で進められます。

- 最上位モジュールの設定
- モジュール機能の分析

- 分割技法の選定
- モジュールの分割
- モジュール間のインタフェースの設定
- モジュールの再分割の検討

(4) 分割技法の選定

　構造化設計の手順のうち、**分割技法**にはいくつかの種類があります。ここでは STS 分割手法、トランザクション分割手法、ジャクソン法、ワーニエ法を取り上げます。

① STS 分割手法

　STS すなわち S（Source：源泉）、T（Transform：変換）、S（Sink：吸収）に着目してモジュールに分割する方法です。

　S（源泉）は**入力部分**、T（変換）は**変換部分**、S（吸収）は**出力部分**にあたりますので、その境界点をみつけてモジュールに分解します。その後、3 つのモジュールを**制御**するためのモジュールを上位に配置します。その上で、これらのモジュールがさらに分割する必要があれば、分割していきます。つぎに、それぞれのモジュール間で必要な**情報**のやりとりを決めていきます。

② トランザクション分割手法

　処理をおこなうための入力データの単位（**トランザクション**）に着目して分割する方法です。

　ここではデータを取り扱う**機能**に着目して分割していきます。分割してえられた部分を独立したモジュールとして扱います。つぎに、独立したモジュールの**分岐**を制御するモジュールや**合流**を扱うモジュールを作成します。その後、各モジュール間のインタフェースを決めていきます。

③ ジャクソン法

　これまでの設計がプロセス中心に考えていたのに対し、**データ中心**に考えて設計する方法です。入力データの構造をとらえて、出力データの構造に対応させるようにプログラムを作っていく方法です。

　ジャクソン法は、**明確な**データ構造をもつ入出力を扱う事務処理用シス

テムの設計に適しています。ここでは、データ構造やプログラム構造を**基本**、**連続**、**選択**、**繰り返し**の4種類の構造で表現します。それらの構造をもとにプログラムの仕様を作成していきます。

④ ワーニエ法

ジャクソン法と同様に、**データ構造**をもとにプログラムを設計していく方法です。

ワーニエ法では、**入力データ**だけの構造に着目して、プログラム構造を決定していきます。ここでは、入力データの入力回数でその処理を対応させます。たとえば、入力回数が1回ならば**順次処理**を、0または1回ならば**選択処理**を、何回もあれば**繰り返し処理**を対応させます。

3.3.2 構造化プログラミング技法

(1) 構造化プログラミング技法の目標

構造化プログラミング技法は、1967年に**エドガー・ダイクストラ**らが、プログラム設計の**品質**と**生産性**を向上するために考案した技法です。

この技法は、それまで経験豊富な専門家の個人技に頼っていたプログラム設計を、それほど専門的な経験や知識が深くない技術者でも容易に設計できるようになることを目標としています。

(2) 構造化プログラミングの論理構造

構造化プログラミングでは、**順次**、**選択**、**繰り返し**の3種類の論理構造を組み合わせることでプログラムを記述することを守ります。このようにしてプログラムを作成した場合、プログラムで記述をおこなった順番にしたがって、実際の処理も実行されていくようになるため、プログラム全体の流れを理解しやすくなるという利点があります。

単純な「**順次**」処理では記述しにくい操作に関しては、特定の条件に合致するかどうかを評価して、その結果によって処理を分岐させる「**選択**」と、一定条件下にある場合に同様の処理を実行し続ける「**繰り返し**」を利用することで記述することができます。いずれも適切にもちいることで複雑な処理を簡潔に記述することができます。

（3）モジュール化

多くのプログラミング言語では、ひとつのプログラムのまとまりから他のプログラムのまとまりを参照し、そこに書かれている処理を利用する機構（サブルーチンとよぶ）が備えられています。**サブルーチン**を利用することで、同様の処理を1つの場所で記述し、管理することが可能となります。サブルーチンを使うことは**モジュール化**に必要な要素であり、プログラムの読みやすさとプログラミングの生産性とを高めるうえで重要な手法です。

なお、このモジュール化は、構造化設計の**モジュール分割**と似ている概念ですが、構造化設計は**設計段階**での分割に対して、構造化プログラミングは、**プログラミング段階**の分割であることが異なります。

（4）構造化プログラミングの限界

構造化プログラミングの限界としては、複数の分岐が重なった場合に処理の流れが把握しづらくなるという問題や、繰り返しを多用した場合、プログラムの実行時に大きな負荷がかかるなどの問題が指摘されています。そのため、プログラムの設計や実装をおこなうときにはこれらの問題に対して特に注意を払う必要があります。

3.3.3 オブジェクト指向プログラミング技法

（1）オブジェクト指向

プログラムを**オブジェクト**という単位で構成しようとする考え方です。

構造化プログラミング技法でモジュール化を徹底した場合でも、プログラムが大規模になるにつれ読みやすさが損なわれ、管理も困難になってしまうことがあります。**オブジェクト指向**に基づくプログラミングでは、データとそのデータに関する処理をひとまとめにし、プログラムの部品として容易に扱えるようにすることでその問題に対処することができます。

（2）カプセル化

プログラムを記述するうえで、特定のデータに対し固有の処理をおこなうことがあります。また、ある機能の実現にいくつかのデータが必要なこともあります。そのようなデータ（**属性**という）と関連した処理（**メソッド**という）をまとめて**オブジェクト**にすることを**カプセル化**といいます。

これにより、**プログラム構造**が把握しやすくなるとともに、オブジェクトにデータを内包することで、オブジェクト外部からの意図しない変更を防止できます。また、プログラムの可読性、保守性、および安定性に貢献します。

（3）クラス、インスタンスとインスタンス化

実際にプログラムの中でオブジェクトを利用した処理をおこなうためには、はじめに**クラス**とよばれるプログラムを記述する必要があります。クラスではデータを**属性**（変数）、処理を**メソッド**（関数）として記述することで、オブジェクトの「性質」や「ふるまい」を規定できるようになります。

その後、クラスに対して**インスタンス化**とよばれる操作をおこなうことで、クラスで定義したオブジェクトを**インスタンス**（実体）として扱えるようになります。クラスは辞書のようなもので、そこから引用（インスタンス化）したインスタンスがプログラムで実際に使われます。

（4）継承

クラスの性質や機能を拡張させることができるという概念のことです。

すでに定義されている特定のクラスを**継承**して新たなクラスを作成した場合、その新しいクラスは**子クラス**とよばれ、元のクラス（**親クラス**）で定義されている性質やふるまいを**受け継ぐ**ことになります。子クラスでは、それに加えて新たなデータや処理を定義することもできます。また、子クラスからさらに孫クラスというように、何世代も定義していけます。

継承により、似通った性質をもったクラスを複数定義する必要がある場合でも、共通した部分を1つのクラスで定義することが可能なため、生産性と保守性を高めることができます。また、同一のクラスを継承したクラスのインスタンスは同質のものとして扱うことができます。これはオブジェクト指向の特質の1つであり、**多態性**（ポリモルフィズム）とよばれます。

3.4 ソフトウェア関連の技術者

この節では、ソフトウェアに関係する各種技術者の特徴について取り上げます。

1950年代なかばに、コンピュータの技術者は大きくハードウェアとソフトウェアに分かれ、ソフトウェア開発はソフトウェア技術者によりおこなわれ

るようになりました。ここではまずソフトウェアに関連する技術者を取り上げます。

（1）ソフトウェア関連技術者

ソフトウェア関連技術者は**ソフトウェアエンジニア**とよばれ、ソフトウェアに関連するあらゆる技術にたずさわるため、その範囲は必ずしもソフトウェア開発だけではありません。ソフトウェア開発の方法論の研究・開発やソフトウェアの保守・運用・管理に関する研究・開発などをおこなう場合もあります。なお、ソフトウェアに関連する技術の体系は**ソフトウェアエンジニアリング（ソフトウェア工学）**とよばれます。

（2）ソフトウェア開発の技術者

① ソフトウェア開発技術者

ソフトウェア開発においては、開発の上流から下流まで担当する技術者に対して、欧米では**ソフトウェアエンジニア**とよぶのが一般的です。しかし日本では、ソフトウェア開発の上流（5.1.2 項 図 5-4 の内部設計まで）を担当する技術者を**システムエンジニア（SE）**とよび、プログラム設計とプログラミングを担当する技術者を**プログラマ**とよびます。またソフトウェア開発のテスト段階では、システムエンジニア、プログラマ、および利用者がそれぞれ担当して検証作業をおこなうのが一般的です。

② ソフトウェア保守や運用の担当者

ソフトウェア保守のうち、ソフトウェアの改修をともなわない**保守**は、**カスタマーエンジニア（保守技術者）**が担当します。ソフトウェアの改修をともなう場合は、規模に応じて**システムエンジニアやプログラマ**が担当します。**運用**は通常、ユーザ側の責任でおこなわれ、**オペレータ**および**運用管理者**が担当します。また、**システムアドミニストレータ**が運用の責任をもち、オペレータを監督するだけでなく、ソフトウェア開発技術者との橋渡しをおこなう場合もあります。

（3）システム開発技術者

ソフトウェア開発のうち、企業などの**業務**で使う各種ソフトウェアの開発は、**システム開発**ともよばれます。システム開発については、後記（5.1 節 情

報システムの開発）で扱います。前記の**システムエンジニア**は、システム開発を担当する技術者として付けられた名前です。

ところで、販売用に単体でソフトウェアを開発するような場合は**ソフトウェア開発**とよぶ方が一般的です。前記のようにシステムエンジニアもソフトウェア開発を担当します。

システム開発においては、**ITアーキテクト**や**ITコンサルタント**が参加する場合もあります。**ITアーキテクト**はシステム構築全体の設計者です。**ITコンサルタント**は、システムが利用される組織のビジネスや業務の流れの改善やITとの整合をとるための各種支援作業をおこないます。

3.5 データベースの基礎

ここでは、コンピュータの重要な技術のひとつであるデータベースに関して、その基本的な内容を取り上げます。はじめにデータベースとはなにかを説明し、データベースを作る際に考慮するデータモデルの概念について取り上げます。つぎに、実際のデータベースシステムについてリレーショナルデータベースを中心に取り上げます。

3.5.1 データベースとはなにか

データベースとは、大量のデータをコンピュータが処理しやすい形式にして蓄積し、整理したデータの集合のことです。1.2.1項（データ・情報・知識）でみてきたように、データを体系化したものが**データベース**ということもできます。そして、データベースを実際に処理できるようにしたシステムを**データベースシステム**とよびます。

データベースは、1950年代の米国軍隊で初めて使われたといわれています。民間で使われだしたのは1960年代からでした。NASA（アメリカ航空宇宙局）が計画し実現した有人月旅行計画も、データベースを駆使したことが成功のひとつの要因といわれています。

データベースが誕生する以前は、コンピュータが処理するデータは個々のプログラムが個別に作成し管理しました。しかし、個々のプログラムにデー

タが付随する形態では、異なるプログラムで使われる同種のデータを個々に用意しなければならず、**データの重複**という無駄が発生しました。また、同じデータの更新時期の食い違いにより、**誤った値**のデータを使ってしまうなどの問題も起きました。そのような問題を解決するために、データをプログラムから分離して、複数のプログラムが共通のデータを使えるようにしたものがデータベースなのです。

3.5.2 データモデル

データモデルとは、データベースにデータを格納する際の形式を規定する概念的な枠組みのことです。ここでは、各種データモデルについて取り上げ、最後にリレーショナルデータベースについて詳しく扱います。

(1) データモデルの種類

データモデルには、以下に示すような3種類があげられます。

① **階層型データモデル**

データを**階層的な所有関係**に基づくものとしてとらえるモデルです。

図3-5に示すように、すべてのデータはツリー状の**木構造**に基づいて格納されます。ひとつのデータはひとつの親にしか所属できないため、複雑な関連性を表現しようとするとデータが重複し、データベースの管理が困難になります。それにより、データベースのサイズの肥大化による弊害が起きる場合があります。

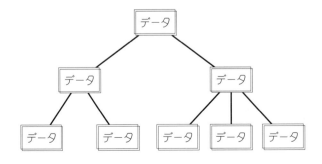

図3-5 階層型データモデル

② ネットワーク型データモデル

所有関係による階層構造にしたがってデータを管理する点は階層型データモデルと同様ですが、任意のデータ間での関連づけを実現することで、**階層型の問題点**を克服したモデル（図3-6）です。

しかし、構造が複雑になり、管理しにくいという問題があります。

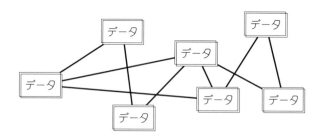

図3-6 ネットワーク型データモデル

③ リレーショナルデータモデル

データを**二次元の表形式**で管理するモデル（図3-7)です。データを格納するテーブル（表）を用途に応じて複数定義し、それぞれのテーブル間で双方向的な関連づけをおこないます。このようにすることで、**柔軟なデータ構造**を表現することができます。

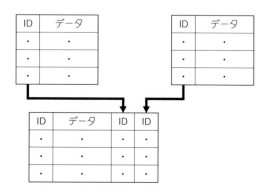

図3-7 リレーショナルデータモデル

データベースを管理するミドルウェアとしての**データベース管理システム**（DBMS、3.5.3 項）の Oracle DB、DB2、SQL Server、MySQL、PostgreSQL、Access などは、リレーショナルデータモデルを採用しています。

（2）リレーショナルデータベースの基礎

リレーショナルデータベースは、リレーショナルデータモデルに基づいて構築されたデータベースです。以下に、リレーショナルデータベースの特徴と正規化について説明します。

① テーブルと関係性

リレーショナルデータベースでは、ひとつのデータベース内に複数の**テーブル**を定義し、その中にデータを格納します。

リレーショナルデータベースにおけるテーブルは、Excel（表計算ソフトウェア）などの二次元の表と同様と考えられますが、それぞれの列に数値、文字列、日付などの型を詳細に設定できる点が特徴です。また、各テーブルに**識別子**とよばれる ID（identifier）を設定する列を設けます。この ID は、テーブル内の横 1 行のデータを特定することにもちいられます。また、この ID を他のテーブルから参照することでデータの関係性を表現することができます。

表 3-1　学部テーブル（左）と学生テーブル（右）

学部ID	学部名
1	法学部
2	経済学部

学生ID	氏名	生年月日	学部ID
1	〇〇	19XX年X月X日	1
2	△△	19YY年Y月Y日	1
3	××	19ZZ年Z月Z日	2

上の例では学生テーブルに**学部 ID** を設定することによって、各学生の所属する学部名をあらわしています。このデータでは**学生 ID** 1 と 2 の学生が、**学部 ID** が 1 の法学部に所属し、3 の学生が、**学部 ID** が 2 の経済学部に所属することを示しています。

この関係を、テーブルの構造とテーブル間の関係性を示す **E-R図**（Entity-Relationship diagram：**実体関連図**）とよばれる図（ここでは表）であらわすと表 3-2 のようになります。

表 3-2 学部テーブル(左)と学生テーブル(右)の関係

学部テーブル
学部ID
学部名

学生テーブル
学生ID
氏名
生年月日
学部ID

② 正規化

テーブルを定義したり、設計したりするときには、テーブルの構造に**正規化**という操作をすることが必要です。その目的は、適切なテーブルの構造への変更で、データの冗長化を防ぎ、データの保守の手間を削減し、利用段階で柔軟なデータ操作をできるようにするためです。正規化により、テーブル内のデータ更新のときに、他のテーブル内のデータを変更しなくてすむ**一意性（重複がないこと）** が実現できます。

正規化の形式の正規形には、第1正規形から第3正規形まであり、通常この3つまで求めます。第1正規形から正規化を進めるごとに、重複するデータや不要な項目が減少し、合理的な構造となっていきます。そのため、可能な限り**第 3 正規形**までの正規化が望ましいとされています。しかし正規化した場合、データベースの操作時に非正規形のデータベースと比べて、より多くの時間がかかるなど高い負荷が発生する場合には、完全な正規化を避けることもあります。

a．第1正規化

文具の卸売店の売上データをリレーショナルデータベースにする例で考えます。表3-3は非正規形の売上表です。同表では、商品あたりの売上金額が省略されていますが、単価と数量をかけ算すれば求まるためです。つぎに、伝票番号0101から顧客名の安藤商店までは1つ（1行）ずつのデータですが、それに対する商品コードから数量までは、3つ（3行）ずつのデータとなります。このような場合、商品コード以下のデータ項目を**繰り返し項目**（安藤商店の3品目、つぎに山田商店の2品目）とよびます。このままでは、伝票番号0101と0102の長さが異なり、「**データの長さを一定にする**」という規則に違反します。また「**繰り返し項目があってはならない**」という規則にも違反します。

非正規形から繰り返し項目をなくすことを**第1正規化**といい、その結果を**第1正規形**とよびます。表3-4に第1正規形を示します。

表3-3 売上表(非正規形)

伝票番号	伝票発行日	顧客コード	顧客名	商品コード	商品名	単価	数量
0101	××/04/30	K001	安藤商店	0001	鉛筆	100	60
				0002	消しゴム	50	20
				0003	ノート	150	50
0102	××/04/30	K012	山田商店	0003	ノート	150	10
				0020	はさみ	300	10

表3-4 売上表(第1正規形)

伝票番号	伝票発行日	顧客コード	顧客名	商品コード	商品名	単価	数量
0101	××/04/30	K001	安藤商店	0001	鉛筆	100	60
0101	××/04/30	K001	安藤商店	0002	消しゴム	50	20
0101	××/04/30	K001	安藤商店	0003	ノート	150	50
0102	××/04/30	K012	山田商店	0003	ノート	150	10
0102	××/04/30	K012	山田商店	0020	はさみ	300	10

なお、表3-4の例では、伝票番号と商品コードが決まれば特定の**レコード**(横1行のデータ)が決まります。このような場合、伝票番号と商品コードを**主キー**といいます。このように2つ以上ある主キーを**複合キー**といいます。またこの表では、各レコードの長さも一定になっています。

b.第2正規化

表3-4の2つの主キーのうち、**商品コード**は、それが決まれば**商品名**と**単価**が決まります。このように主キーで決まる項目を別の表に独立させることを**第2正規化**といい、その結果を**第2正規形**とよびます。表3-5は売上表から商品名と単価を移動し、**商品マスタテーブル**として独立させています。商品マスタテーブルは、同店で取り扱う商品をテーブルにしたもので、このようにすれば取引ごとに、商品名と単価を入力するむだを省くことができます。また、商品の種類の増加や削除のときに、商品マスタテーブルのみを変更すればよいことになり、

作業の効率化と、間違いをなくすことができます。

表3-5 売上表（第2正規形）

伝票番号	伝票発行日	顧客コード	顧客名	商品コード	数量
0101	××/04/30	K001	安藤商店	0001	60
0101	××/04/30	K001	安藤商店	0002	20
0101	××/04/30	K001	安藤商店	0003	50
0102	××/04/30	K012	山田商店	0003	10
0102	××/04/30	K012	山田商店	0020	10

商品コード	商品名	単価
0001	鉛筆	100
0002	消しゴム	50
0003	ノート	150
0020	はさみ	300

（商品マスタテーブル）

表3-6 売上表（第3正規形）

伝票番号	伝票発行日	顧客コード	商品コード	数量
0101	××/04/30	K001	0001	60
0101	××/04/30	K001	0002	20
0101	××/04/30	K001	0003	50
0102	××/04/30	K012	0003	10
0102	××/04/30	K012	0020	10

顧客コード	顧客名
K001	安藤商店
K012	山田商店

（顧客マスタテーブル）

商品コード	商品名	単価
0001	鉛筆	100
0002	消しゴム	50
0003	ノート	150
0020	はさみ	300

（商品マスタテーブル）

c．第3正規化

表3-5の売上表のうち、**顧客コード**は、それが決まると**顧客名**が決まります。このように主キー以外の場合でも、ある項目が決まれば別の項目が決まる関係を別の表に独立させることを**第3正規化**といい、その結果を**第3正規形**とよびます。表3-6は売上表から顧客名を移動し、

顧客マスタテーブルとして独立させています。顧客マスタテーブルは、この卸売店の顧客全部をテーブルにしたもので、このようにすれば取引ごとに、顧客名を入力するむだを省くことができます。また、顧客の増加や削除のときに、顧客マスタテーブルのみを変更すればよいことになり、作業の効率化と、間違いをなくすことができます。

3.5.3 データベース管理システム

データベース管理システム（DBMS：Data Base Management System）は、データベースの構築および構築したデータベースを運用・管理するために使われる**ミドルウェア**です。通常、データベースに対する操作はすべてDBMSを通じておこなわれるため、両者を明確に区別しない場合もあります。

DBMSによって提供される機能には以下のようなものがあります。

（1）データベース言語によるデータ操作

自然言語に近い文法を持ったデータベース言語である**SQL**（Structured Query Language）により、対話的なデータ操作が可能になります。SQLを使えば、データの**追加**、**削除**、**検索**、**置換**などのほか、データベースそのものの管理もおこなうことができます（図3-8）。

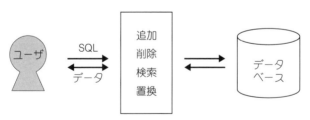

図3-8 データベース言語によるデータ操作

（2）データ整合性の保持

データベースに対して要求される操作を分析し、データ間の論理的な**整合性**を保つ機能です。これにより、同一のデータに対して相反した操作命令がなされた場合でも、データベースの整合性が壊れることを防止できます。

（3）セキュリティ

ユーザおよびユーザ権限の概念に基づき、データの流出や破壊など、意図しない操作による不都合を防止できます。また、データそのものを**暗号化**する機能もあります。

（4）データベース管理

障害による破壊などに備え、データベースの**バックアップ**を作成する機能や、データベースを最適な状態に保ち、処理に付随する**負荷を低減**させる機能などがあります。

（5）データベースの分散

複数のデータベースサーバ間をまたぎ、分散的にデータベースを構築できるようにする、より高度な機能をサポートします。データベースの**分散機能**は、インターネットのウェブアプリケーションなど、データベースに対して高い負荷が発生するようなシステムにおいて重要な機能です。

3.5.4 スキーマの概念

データベースの構造に関する定義を**スキーマ**とよびます。スキーマの概念としては、**3層スキーマモデル**（図3-9）とよばれるものが代表的です。ここでは3層スキーマモデルの各スキーマについて説明します。

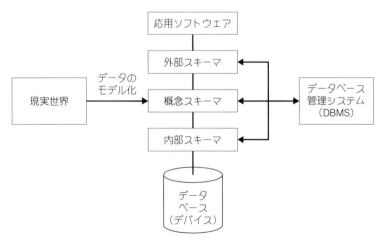

図3-9 3層スキーマモデル

(1) スキーマの種類
① 外部スキーマ
データベースに蓄積されているデータを利用する応用ソフトウェアなど、データベースの**外部**の視点から定義する**データ構造**のことです。

実際にアプリケーションからデータを利用する際には、一定の条件に沿ったデータのみが必要であったり、データの集計、結合などの操作をおこなった結果が要求される場合があります。その場合は**データ操作言語**（DML：Data Manipulation Language）をもちい、**外部スキーマ**に合わせた形へデータを変換する必要があります。

データベースによっては、データに対して操作をおこなった結果を仮想的なテーブルのように参照する機構を備えているものがありますが、そのような機能も外部スキーマの一種と考えることができます。

② 概念スキーマ
データベース上で定義される**論理的なデータ構造**のことです。

リレーショナルデータベースにおいては、テーブルの構造が概念スキーマに相当します。概念スキーマを定義するときには、最終的なデータの利用者やアプリケーションにおける実装を意識し、最適なデータ構造を決定する必要があります。また、DBMS における内部的なデータ構造や操作時の挙動に関しても配慮し、より効率的な運用がおこなわれる構造を選択すべきです。データベースに対してデータ構造を定義するためには、**データ定義言語**（DDL：Data Definition Language）を利用します。

③ 内部スキーマ
データベースの**内部**で定義される**データ構造**のことです。

ハードディスク装置やメモリにデータを記録する際にはこの定義にしたがって処理がおこなわれます。そのため、内部スキーマは実装されるコンピュータ機器や補助記憶装置の仕様などを意識して定義することが必要です。

演習問題

1. ハードウェアやデータなどの資源の管理や、その効率的な使用実現のために基本的な制御をおこなうソフトウェアの名称を答えてください。

2. アルゴリズムのひとつで、ランダムに並んだデータを昇順もしくは降順に並べなおす処理の名称を答えてください。

3. 機械語と1対1に対応し、英数字と記号であらわした言語の名称を答えてください。

4. コンパイラ言語でありながら、ビット単位の計算などが自由におこなえる特長をもち、OSの開発用に使われる言語の名称を答えてください。

5. スクリプトを書くように簡単にプログラムをつくることができるプログラミング言語の種類名を答えてください。

6. 実行時にソースプログラムを1命令ずつ解釈して実行する言語プロセッサの名称を答えてください。

7. プログラム設計段階で、入力、変換、出力に着目し、それらの境界点をみつけて、モジュールに分割する手法の名称を答えてください。

8. 1960年代後半、プログラムの品質と生産性が低いというプログラム設計上の問題を解決する目的で誕生した技法の名称を答えてください。

9. データとデータに関する処理をひとまとめにして扱うことで、さらなる生産性向上をはかるプログラミング技法の名称を答えてください。

10. データを2次元の表形式で管理することで、柔軟なデータ構造の表現を可能にしたデータモデルの名称を答えてください。

11. データの保守の手間を削減し、データの冗長化を防ぎ、一意性を実現するためにテーブルの構造を変更する方法の名称を答えてください。

12. データベースのスキーマの中で、データベースの論理構造を定義したものの名称を答えてください。

4. ネットワーク

■■ 本章の概要 ■■

　本章では、われわれがよく使うスマートフォンや固定電話の通信ネットワークや、コンピュータ同士を接続したコンピュータネットワークについて取り上げます。コンピュータネットワークは、わずか数台が接続されたものからインターネットのように世界中の莫大な数のコンピュータが接続されたものまで各種あります。

　はじめにネットワークの種類について取り上げます。つぎに、ネットワークの基礎的な技術であるLANやTCP/IPについて説明します。最後にインターネットに関して、そこで使われる基礎技術や応用技術について取り上げます。

学習目標

- ネットワークを種類わけする4つの視点を説明できる
- WANとLANの違いについて説明できる
- ネットワークの接続形態の違いについて説明できる
- ネットワーク回線の使用形態の違いについて説明できる
- モバイル端末の特徴について説明できる
- LANの制御方式の種類について説明できる
- 無線LANの特徴について説明できる
- ネットワークアーキテクチャとOSIの特徴について説明できる
- TCP/IPの特徴について説明できる
- IPアドレスのクラスレスアドレスについて説明できる
- インターネットのブラウザやURLなどの基礎技術について説明できる
- インターネットのポータルサイトなどの応用技術について説明できる

4.1 ネットワークとはなにか

4.1.1 ネットワークの意味

　われわれがふだん耳にする**ネットワーク**という用語は、いろいろな分野で使われています。たとえば、道路は日本中どこにでもあり、道路がつながっていることにより、われわれはほとんどの場所へ移動することができます。この道路のつながりは、道路ネットワーク（**道路網**）とよばれます。テレビやラジオの放送では、キー局から主要な番組の配信を受ける複数の系列局とキー局をむすぶ放送ネットワーク（**放送網**）が構築されています。人と人とがつながった関係も**ヒューマン・ネットワーク**とよばれます。データを送るための通信回線も、それがつながっていることにより多くの場所にデータが送れます。このように通信回線がつながったものを**通信ネットワーク**（**通信網**）といいます。最近はコンピュータ同士を通信回線でつなげることによりデータを送受信しています。このようなコンピュータ同士のつながりを**コンピュータネットワーク**といいます。

　以上述べてきたように、**ネットワーク**は日本語では**網**（もう）とよばれ、網の目のようにつくられた組織、系列、および「つながり」そのものにつけられた用語です。またネットワークの概念は、ネットワークを構成する1つひとつの要素である**ノード**[1]とノード間を結ぶ**リンク**により構成される構造体すべてのものを含んでいます。

　本章では、このうち**通信ネットワーク**と**コンピュータネットワーク**を取り扱います。またこれらは**ネットワーク**と略記される場合もあります。

4.1.2 ネットワークの種類

（1）地理的規模の視点

① WAN（Wide Area Network）
　広域ネットワークともよばれ、地理的に広い範囲のデータの送受信をおこなうネットワークです。**電話網**は WAN の代表例です。

---

[1] ネットワークのノードに該当するものは、コンピュータまたは通信機器であるルータなどです。

WANの特徴として、通信回線のサービスを提供する**電気通信事業者**から有料で回線を借りるため、費用がかかることがあげられます。しかし、個別の組織が独自に広域の通信回線を設置することは**違法**で、許可が取れたとしても、莫大な費用が発生するためWANが使われます。

② LAN（Local Area Network）

構内ネットワークともよばれ、建物や敷地の中などの地理的に狭い範囲でデータの送受信をおこなうネットワークです。

LANの特徴として、通信回線を独自で設置できるため、設置時の費用は発生しますが、運用時の費用はかからないことがあげられます。しかし、建物や敷地内だけでなく外部とも通信するには、WANを利用する必要があります。このような場合、LANの一部にWANと接続するための機器（ルータなど）を設置します。

最近は、LANのケーブルなしで、電波でLANを構成する**無線LAN**[2]も使われています。無線LANはケーブルがないため、場所を固定しないで使えるので、建物のフロア内やフロア間のLANとしてよく使われます。

(2) 接続形態の視点

① バス型

基幹となる通信ケーブルにコンピュータなどを接続する接続形態（図4-1）のことです。イーサネットの**10BASE2**規格（4.2.1項(2)②）を使ったLANの構成は、**バス型**の代表例です。

図4-1 バス型

バス型では、比較的シンプルに多数のコンピュータを接続することができます。また、中心となるコンピュータやネットワーク機器がないため、

---

[2] 無線LANについては、4.2.1項(3)無線LANの制御方式で扱います。

接続したコンピュータが故障してもネットワーク全体に影響しにくいという利点もあります。しかしバス型では、同時に複数のコンピュータがデータを送信すると、「**信号同士が衝突**」するため送信をやり直すことになるのが欠点です。バス型で使われるアクセス制御方式(4.2.1項(2))は、このような衝突をできるだけ回避する機能をもっています。

② **スター型**

集線装置（**ハブ**、4.2.2項(2)および(3)）または**交換機**（4.2.1項(1)）を中心に配置して、そこから放射状（星状）にコンピュータなどを接続する接続形態（図4-2）のことです。ハブとイーサネットで構成される**10BASE-T規格**（4.2.1項(2)②）を使ったLANの構成は、**スター型**の代表例です。

スター型は、中央のハブなどと各コンピュータ間が独立のケーブルで接続されるため、ケーブルに障害が発生しても他のコンピュータの転送に影響が及ばないことや、配線の自由度が高いという利点があります。しかし、中央のハブなどが故障すれば、**ネットワーク全体が停止**してしまうという欠点があります。

図 4-2　スター型

③ **リング型**

コンピュータなどをリング状に接続する接続形態（図4-3）のことです。**トークンリング**や**FDDI**（4.2.1項(2)）を使ったコンピュータネットワークは、**リング型**の代表例です。

リング型は、データの流れを一方向に定めて、コンピュータからつぎのコンピュータへと**データをリレー**していきます。これによりデータの衝突を回避しています。しかし、コンピュータが1つでも故障してしまう

と、そこで信号の流れが途絶えてしまいます。そのため、故障したコンピュータの電源をオフにしたり、接続線をケーブルから取りはずすと、自動的にケーブルがつながるようなしくみが取り入れられています。リング型は、他の方式に比べケーブルの総延長を拡大することが容易なため、現在は、おもに大規模なLANで利用されています。

図4-3 リング型

(3) 伝送信号の視点
① アナログネットワーク
　a．電話網

アナログ信号を利用して音声通信の交換をはたすネットワークとして誕生したものです。そのため、電話網にコンピュータを接続してデータの送受信をするには下記のような**モデム**が必要になります。

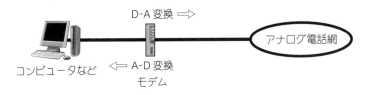

図4-4 アナログ電話網とモデム

・**モデム**（MODEM[3]）：**変復調装置**ともよばれ、コンピュータから送られるディジタル信号をアナログ信号に変換して電話網に送る**変調機能（D-A変換機能）**をもっています。また、電話網から送られるアナログ信号を、コンピュータが認識できるディジタル信号に変換

---

[3] MODEMという名称は、変調・復調をおこなうことからModulation(変調)、Demodulation(復調) のアルファベットを合成して名づけられたものです。

する**復調機能**（A-D 変換機能）も兼ね備えています。

b．ADSL（Asymmetric Digital Subscriber Line：非対称ディジタル加入者回線）サービス

既存の電話網で使っていない周波数の帯域を極力利用し、高速なデータ通信をおこなう通信技術および回線サービスのことです。ADSL は 2000 年頃から提供が始まりました。

ADSL の **asymmetric** は**非対称**という意味で、上り方向（利用者 → インターネット）より下り方向（インターネット → 利用者）の通信速度が速くなっています[4]。上り方向は 0.5～12Mbps 程度で、下り方向は 1.5～50Mbps 程度です。図 4-5 に示す **ADSL モデム**を使うことで既存の電話網（**アナログ電話網**）が利用できるため、導入が簡単で、一般のモデム利用に比べ通信速度が非常に速いという利点があります。

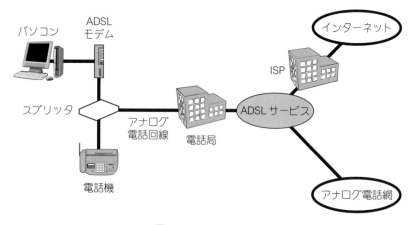

図 4-5 ADSL のしくみ

しかし、通信速度は電話局からの距離に反比例するため、電話局から遠い場合（最大 6～7km 程度まで）は導入が困難という問題があります。図中の**スプリッタ**は、電話と共用する場合に、電話用の音声信号とデータ信号を分離する機器です。

---

[4] 下り方向がより高速であるため、インターネットからのダウンロード（下り方向）のデータ量が圧倒的に多いという利用形態に適しています。

② ディジタルネットワーク
　a．ISDN（Integrated Services Digital Network）
　　電話やFAX、データ通信を1つのディジタルネットワークに統合したもので、1988年よりNTTによる提供が開始されました。
　　電話網とモデムによるデータ通信は通信速度が遅いという問題を、**ディジタル信号**を使うことで解決したのがISDNです。具体的なサービスの**INS64**（NTTグループ提供）は、64kbps（最大128kbps）という当時としては低額で高速のデータ通信ができました。しかし、格段に通信速度が速いADSLや光ネットワークの登場により、現在はあまり使われなくなっています。
　b．光ネットワーク
　　データを**光信号**に変換して通信をおこなうネットワークのことです。1980年代中期よりNTTによる提供が開始されました。
　　回線に**光ファイバケーブル**が使われるため、従来の回線（銅線）に比べ高速の伝送が可能です。光ファイバは軽量で、電磁波の影響も受けない安定した通信ができるという利点もあります。
　　電話機やコンピュータなどを接続するためには**光通信モデム**を使用します。光通信モデムは、アナログ信号やディジタル信号を光信号に変換する機能および、その反対の機能をもっています。

（4）回線の使用形態の視点
① 公衆回線網
　通信回線を占有で使うのでなく、ダイヤル接続したときのみ占有して使う回線網のことです。**電話網**は公衆回線網の代表例です。
　通信回線を常時占有して使う**専用回線網**（下記）と異なり、使った時間に応じて費用がかかります（**従量制**とよびます）。そのため、使用時間が比較的少ないケースに向いています。
② 専用回線網
　利用者の使用の有無に関わらず、通信回線が**専用**に用意されている回線網のことです。
　公衆回線網のように、他の利用者と回線を使い分けすることがないため、

セキュリティの面で安全性が高いのが利点です。しかし専用に回線を用意するため、使った時間に関係なくきめられた費用がかかります（**定額制**とよびます）。専用回線網は利用費用が高いですが、使用時間が多い場合に向いています。

③ VPN（Virtual Private Network：仮想私設網）

公衆回線網をあたかも専用回線であるかのように利用できるようにしたネットワークのことで、**仮想私設網**ともよばれます。

公衆回線網の両端に **VPN ルータ**とよばれるネットワーク機器を設置するため、送信データは**暗号化**され、**パスワード認証**もおこなわれます。そのため、公衆回線でありながら高いセキュリティが確保できる利点があります。また、VPN ルータを設置しても数年単位でみると、専用回線より安くなります。VPN は、企業内ネットワークの拠点間接続や、**エクストラネット**（4.4.3 項(2)イントラネットとエクストラネット）の企業間接続用としてよく使われます。

（5）モバイルネットワーク

① モバイル

持ち運び可能な**通信機器**や**移動体通信システム**、またはそれらのために開発された**ソフトウェア**のことをいいます。

具体的な通信機器には、**スマートフォン**、**携帯電話**、PHS（Personal Handyphone System）、自動車電話、衛星電話などがあり、**モバイル端末**とよばれます。日本では、モバイル端末の中でもスマートフォンや携帯電話がもっとも使われています。

② モバイルネットワーク（移動体ネットワーク）

片方または両方の通信機器が移動しながらでも利用できる移動端末用のネットワークのことで、**移動体ネットワーク**ともよばれます。

モバイルネットワークでは、**基地局**とよばれる中継施設とモバイル端末の間は**無線通信**ですが、基地局同士や公衆電話網などへの**非移動通信**へは**有線通信**が使われます。

③ 携帯電話とスマートフォンの通信規格

携帯電話とスマートフォンの通信事業者（(株)NTT-Docomo、KDDI(株)、ソフトバンクモバイル(株)など）の通信規格は似ていますが、完全に同

一ではありません。また、通信事業者ごとに通信に利用する無線の周波数も異なっており、総務省から割り当てられた周波数を可能な限り効率的に利用することで、サービスの向上を図っています。おもな通信規格を取り上げます。

a．W-CDMA（Wideband Code Division Multiple Access）

(株)NTT Docomo、ソフトバンクモバイル(株)が採用する**広帯域符号分割多元接続**という**第3世代**の通信規格です。

b．HSPA（High Speed Packet Access）

HSPAおよびその拡張版のHSPA+は、W-CDMAを拡張した規格で、**第3.5世代**の通信規格です。(株)NTT Docomo、ソフトバンクモバイル(株)が採用しています。

c．CDMA2000（Code Division Multiple Access 2000）

au（KDDI(株)）が利用する**第3世代**の通信規格でしたが、その拡張版は**第3.5世代**の通信規格とされています。

d．LTE（Long Term Evolution）

2014年現在で**第3.9世代**の通信規格です。各社の**スマートフォン**などで利用され、各社とも同じ規格を使用しています。理想的な通信速度は下り回線が75Mbps、上り回線が25Mbpsというハイスピードを実現しています。将来の第4世代規格（LTE Advanced）は、最大速度3Gbpsを目指していますが、ITU（国際電気通信連合）は第3.9世代のLTEを**第4世代**と呼称するのを認めているため、各社とも第4世代としています。

④ 携帯電話のデータ通信サービス

移動中の電話サービスが始まりでしたが、音声通話の**ディジタル化**をきっかけとして、データ通信サービスを提供するようになりました。

⑤ ナンバーポータビリティ

電話番号の変更なしに電気通信事業者を変えられる制度で、2006年に開始されました。しかし、2014年現在、事業者間の移動のための契約解除には比較的高額な料金がかかります。また、電話番号や個人を特定する情報を記録した **SIMカード**[5]を電気通信事業者間で移動することに一部

---

[5] SIMカードは、Subscriber Identity Moduleカードともよばれ、ICカードの一種です。

制限があり、市販の SIM カードの利用には機種の限定があります。

⑥ モバイル端末の動向

　a．スマートフォン

パソコンと携帯電話の機能を合わせもつモバイル端末です。

スマートフォン（**スマホ**ともいう）は、画面を指先でタッチ操作することで各種操作ができるので便利です。また、ネットワーク利用料の定額制サービス、LTE による高速通信や、スマートフォン向けの無料または低価格で魅力的なインターネット利用のアプリケーションが豊富という特長があります。電話機能より、そうしたアプリケーションの利用が増えており、従来型の携帯電話よりスマートフォンの需要が多い状態です。

・iPhone：米国アップル社が提供するスマートフォンのシリーズで、2014 年現在、日本でもっともよく使われています。

　b．タブレット（タブレット型端末）

スマートフォンと同様に画面を指先でタッチ操作でき、画面サイズがスマートフォンより大型(7～10 インチが主流)のモバイル端末です。

タブレットは、携帯ディジタル音楽プレーヤ（iPod など）とスマートフォンから電話機能を除いた機能をもつ**モバイルマルチメディア端末**です。スマートフォン用ネットワークあるいは、無線 LAN（WiFi[6] など）によるインターネット接続で、各種インターネット利用の**アプリケーション（アプリ）**を大画面で容易に利用できます。さらに、ネット経由の充実したコンテンツとコンピューティング機能で、ビジネス活用、電子書籍、新聞購読などによく利用されています。

タブレットは、内蔵 OS により 2 種類に大別されます。アップル社が提供する iOS を使う iPad と、グーグル社が提供する Android を使う Android 系タブレットです。両者とも豊富な**アプリ**を利用できるうえ、人間の肉声で操作できる**音声認識機能**も備えているため、今後もその発展が期待されています。

---

[6] WiFi については、4.2.1 項(3)無線 LAN の制御方式で扱います。

4.2 ネットワークの基礎技術

4.2.1 交換方式とLANの制御方式

（1）交換方式

多数の利用者が任意の通信相手と通信できるようにするため、発信者の要求に従って伝送路間の接続を切り替えて経路を確立する方式のことです。

① 回線交換方式

データを送受信する機器同士が、通信をおこなうたびに**交換機**[7]によって通信先相手を識別し、経路（回線）を選択する方式のことです。

回線交換方式は、交換機による電信・電話の交換サービスが起源です。通信時のみ回線を使用するため、使用時間に応じて（**従量制**）課金されます。そのため、一度に送るデータ量が多い場合に適します。

② 蓄積交換方式

データの送信時に、送信データを各交換機内に一時**蓄えて**からおこなう交換方式のことです。

蓄積交換機は、データを一時的に貯め、空いていて速そうな最適の通信回線をみつけてデータを送ります。蓄積交換方式は回線を独占することがなく、複数のユーザが同時に回線を利用できるため回線の**使用効率**を高くできます。また、送信側と受信側で**通信速度**が異なってもよいという利点もあります。しかし、蓄積をおこなうために多少伝送が遅れます。

蓄積交換方式では、**データ量**に応じて課金されます。そのため、データ量が少ない場合に適します。蓄積交換方式には、メッセージ交換方式とパケット交換方式の2方式があります。

a．メッセージ交換方式

送信データ（メッセージ）を**分割せず**にそのまま送る蓄積交換方式です。分割の必要がないので制御が単純という特長があります。

---

[7] 伝送路間の接続を切り替える通信機器のことを**交換機**といいます。

b．パケット交換方式

送信データを一定の長さに**分割**して送る蓄積交換方式です。

分割したデータを**パケット**[8]とよび、パケット単位で宛先まで中継しながら送信されます。世界初の**パケット交換方式**はハワイ諸島間で使われ、**アロハネット**（ALOHAnet）とよばれました。その後、インターネットの前身である**アーパネット**で使われるようになり、広く普及しました。パケット交換方式では、パケットごとに**ヘッダ**とよばれる情報が付加されます。ヘッダには、送信元アドレス、宛先アドレスなどが含まれます。パケットが小包とすれば、ヘッダは荷札にあたります。パケットの分割送信により、エラーが発生しても、エラーのパケットだけを再送信すればよく、回線上の混雑（トラフィック）の軽減ができます。また、パケットごとに別の回線を利用できるため、回線の**利用効率**も高くできます。

(2) LAN の制御方式

LAN に接続されたコンピュータのアクセスを制御する方式のことです。

① CSMA/CD（Carrier Sense Multiple Access with Collision Detection）

イーサネットで使われているアクセス制御方式で**搬送波感知多重アクセス/衝突検出方式**ともいいます。

各コンピュータは、伝送路上にデータ（搬送波信号）が流れているか確認し（carrier sense）、流れてなければデータ送信します。もし複数のコンピュータが同時にデータ送信したとき（multiple access）は、伝送路上で信号の衝突（collision）が起きます。衝突が検出された場合（collision detection）は、乱数により決められた時間を待ち、再びデータを送信します。このような手順により、できるだけ衝突が再発しないようにしています。

CSMA/CD は、制御が簡単なため、衝突が少なければ伝送効率がよいという利点があります。しかし、伝送路に接続するコンピュータの台数が増え、データ送信回数が増えると、**信号の衝突**が頻繁に起き、送信がスムーズにおこなえなくなるという問題があります。

---

[8] パケットには小包という意味があり、これはデータを小分けにした様子からきています。

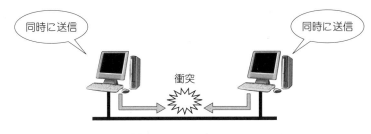

図 4-6 CSMA/CD

② **イーサネット**(Ethernet)

CSMA/CD を実現したネットワークの規格であり製品です。

イーサネット[9]は、コストの安さ、通信速度の速さ、導入の容易さから現在もっとも普及している LAN です。ゼロックス社パロアルト研究所の**ロバート・メトカーフ**が 1973 年に試作機として開発した**アルト**のネットワークがその起源です。

表 4-1 イーサネットの初期の規格

名称	年	IEEE仕様	接続形態	伝送速度	ケーブル長	伝送媒体
10BASE5	1985	802.3	バス型	10Mbps	最大 500m	同軸ケーブル
10BASE2	1988	802.3a	バス型	10Mbps	最大 185m	簡易同軸ケーブル
10BASE-T	1990	802.3i	スター型	10Mbps	最大 100m	ツイストペアケーブル
100BASE-TX	1995	802.3u	スター型	100Mbps	最大 100m	ツイストペアケーブル

その後 1980 年に、米国の DEC 社、インテル社、ゼロックス社の共同開発により、3 社の頭文字を使った **DIX イーサネット 1.0** が発表されました。表 4-1 に IEEE(国際電気電子技術者協会)が制定したイーサネットの初期の規格を示します。この表以外にも**光ファイバケーブル**使用の規格や、転送速度が **1Gbps〜10Gbps** の規格もあります。

最初の **10BASE5** 規格[10]は、1985 年に初めて **IEEE802.3** として制定された

---

[9] イーサネットの ether(イーサ)は、宇宙空間に充満していると思われていた物質のエーテルに由来しています。
[10] 10BASE5 規格の 10 は転送速度の 10Mbps を、BASE はベースバンド転送方式を、5 はケーブルの最大長(500m)になります。最後に T があればツイストペアケーブルを、F があれば光ファイバケーブルを示します。

もので、太くて曲げにくく高価な同軸ケーブルが使われましたが、10BASE2 では、テレビのアンテナケーブルと同様に細い同軸ケーブルが使われました。10BASE-T では、内線電話に使うようなツイストペアケーブルが使えるように便利になりました。

③ イーサネットの発展

初期のイーサネットは、LAN の中で一番優れたものとはいえませんでしたが、その後の発展により世界でもっとも使われている LAN となりました。そのためには以下の 3 つの発展が大きく貢献しました。

a．接続の容易性と接続形態の進化

初期の 10BASE5 では、同軸ケーブルとの接続に**トランシーバ**とよばれる特殊な部品の装着があり、その作業は専門の技術者へ依頼することが必要でした。10BASE2 では、外付けのトランシーバが必要なくなり、専門技術者でなくても構築できるようになりました。10BASE-T では、接続形態が**スター型**になり、内線電話と同様のより対線を使い、電話をジャックに接続するのと同様に簡単に接続できるようになりました。

b．スピードの向上

初期には、10Mbps（1 秒間に最大 10 メガビット）の転送速度でしたが、100BASE-TX ではスピードが 100Mbps となり、10 倍も向上しました。さらに、**ギガビットイーサネット**とよばれる 1000BASE-T や 10Gbps（最大 10 ギガビット）の 10GBASE-SR なども登場し、より速い LAN が実現できました。

c．スイッチングハブ利用による衝突の回避

イーサネットは制御が単純で LAN が容易に構築できる利点をもちますが、同時送信による衝突が大きな欠点でした。しかし 10BASE-T から[11] 集線装置に**スイッチングハブ**（4.2.2 項(3)）を使うと**衝突を回避**できるようになりました。スイッチングハブの各ポートにコンピュータ 1 台のみ接続すれば、同ハブのスイッチング機能により「**衝突が防止**」でき、大きな欠点が解消されました。

---

[11] 10BASE5 や 10BASE2 でも**ブリッジ**という機器を使うことにより衝突の一部回避はできましたが、ブリッジはスイッチングハブより高額なネットワーク機器でした。

④ トークンパッシング

トークン(送信権の信号)とよばれる信号をネットワーク上に常に周回させておき、トークンを取り込んだコンピュータだけがデータを送信可能にするアクセス制御方式のことです。

データを送信したいコンピュータは、トークンを取得し、データを送信し、トークンをつぎのコンピュータに送ります。トークンを取得しない限り送信できないため、データ信号の衝突は起きません。

CSMA/CD と比べると、通信の負荷が高くてもデータの処理量が変わらないという利点と、トークンの周回時間を制御することでデータ転送に要する**遅延時間を予測できる**という利点があります。しかし、トークンによる制御などの処理が複雑で、障害時の対処も複雑になるという問題があります。トークンパッシングは、**トークンリング**、FDDI および、トークンバスの制御方式に使われています。

a. **トークンリング**(Token Ring)

IBM 社が開発し、1984 年に **IEEE802.5** として制定された LAN の規格です。接続形態は**リング型**、制御方式は**トークンパッシング**、転送速度は 4Mbps または 16Mbps で、伝送媒体にツイストペアケーブルを使います。一般にトークンリングの構築には、**コンセントレータ**とよばれる中継収容装置を利用するため、論理的にはリング型ですが、物理的配線は**スター型**となります。そのため配線の自由度や転送効率が高いので、当初はバス型のイーサネットと競争していました。しかし、

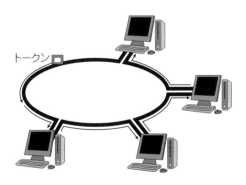

図 4-7 トークンパッシング(トークンリングの例)

スター型接続のイーサネット規格の誕生とイーサネットの発展により、トークンリングはあまり使われなくなりました。

b．FDDI（Fiber Distributed Data Interface）

光ファイバを利用し、100Mbps で最大 100km という長距離の通信が可能な**トークンパッシング**の規格です。通信ケーブルが 2 重化されるなど高い信頼性がありますが、イーサネットの性能向上で、使われなくなってきています。銅線を使った最大 100m までの **CDDI**（Copper Distributed Data Interface）という規格もあります。

（3）無線 LAN の制御方式

有線ケーブルでなく、電波を使う LAN の制御方式です。

① 無線 LAN の構成要素

無線 LAN は**無線 LAN アダプタ**と**無線 LAN アクセスポイント**で構成されます。

a．無線 LAN アダプタ

無線 LAN を利用するための機能をコンピュータに提供する装置です。ノートパソコンには内蔵されていますが、デスクトップ型パソコンでは、別に購入することが必要です。

b．無線 LAN アクセスポイント

無線 LAN の電波を送受信する**基地局**の機能をもつ装置です。同装置は**無線 LAN ルータ**の名称で市販されていますが、家庭用のインターネット接続用のアダプタに内蔵されている場合もあります。その場合はインターネットサービスプロバイダと利用契約をかわした後、使えるようになります。

② 無線 LAN のアクセス制御方式（CSMA/CA）

無線 LAN では **CSMA/CA**[12]（Carrier Sense Multiple Access with Collision Avoidance：搬送波感知多重アクセス/衝突回避）が使われます。この方式は、**IEEE802.11**で制定されています。

イーサネットの制御方式の CSMA/CD とほぼ同様ですが、送信の際に周囲に電波信号を検出しなくても、**必ず一定時間待ち**、その後も検出しな

---

[12] アップル社の LAN である **Apple Talk** では、CSMA/CA を採用しています。

ければ、電波を送出する点が異なります。無線 LAN の電波は微弱なことと、電波の強弱に変化があるため、極力衝突を避けるようにこのようにしています。それ以外の制御手順は CSMA/CD と同様です。

③ **無線 LAN のセキュリティ技術**
電波という見えないネットワークを利用するため、セキュリティには極力留意する必要があります。ここでは、無線 LAN のセキュリティ確保のための技術を取り上げます。

a．**SSID（Service Set Identifier）**
無線 LAN アクセスポイントと、無線 LAN を使うコンピュータを接続するための**識別子(ID)**のことです。無線 LAN アクセスポイントは、周期的に SSID を含む電波信号を送出します。この信号を受信したコンピュータは、そのアクセスポイントとの接続を試みます。付近に存在する無線 LAN 接続可能なコンピュータはどれも SSID を受信できるので、パスワード使用の認証を使わないと危険です。**パスワード認証**の設定をし、認証されたのち、無線 LAN を使用できるようにします。

b．**WEP（Wired Equivalent Privacy）**
無線 LAN の暗号化の規格で、**IEEE802.11b** で制定されています。
WEP は共通かぎ暗号方式（6.2.4 項(1)）という暗号化と復号（暗号を解くこと）に同一の暗号かぎを使う方法です。セキュリティレベルが低い暗号化のため、最近はより強化された暗号化（次項の WPA など）が使われます。

c．**WPA（WiFi Protected Access）**
2002 年に、**WiFi アライアンス**（次項で扱います）が WEP の脆弱性をカバーするために発表した規格です。前記の SSID と WEP による暗号化に加え、**ユーザ認証**のしくみが追加されています。また、暗号かぎも定期的に**自動生成**するように改良されています。最近では WPA の改良版の **WPA2** も登場しています。

無線 LAN は有線 LAN 以上にセキュリティ確保の必要があるため、暗号化の規格はできるだけ最新のものを利用できるように、無線 LAN アダプタと無線 LAN アクセスポイントの更新が重要です。

d．WiFi（Wireless Fidelity）アライアンス

米国**無線 LAN 推進団体**のことで、この団体は無線 LAN の規格を使用した機器が規格どおりに確実に相互運用できるかどうかを検証するとともに、無線 LAN の普及促進活動をおこなっています。同団体の認定試験をパスした製品は **WiFi 認定製品**のロゴを使用できます。

（4）LAN の伝送単位

有線 LAN や無線 LAN で扱うデータは、**MAC フレーム**とよばれる伝送単位で送られます。ここでは、MAC フレームとそこで使われる MAC アドレスを取り上げます。

① MAC フレーム（Media Access Control フレーム）

イーサネットでデータを送受信するときの単位のことです。**MAC フレーム**は OSI（4.3.2 項(1)）の第 2 層（データリンク層）で規定されています。図 4-8 のように、MAC フレームには**宛先 MAC アドレス**、**送信元 MAC アドレス**があります（MAC アドレスは次項で扱います）。**タイプ**（2 バイト）は 16 進表記で通常 **0800** ですが、IP アドレスから MAC アドレスを求める**アドレス解決**（4.3.4 項(9)）の場合は **0806** となります。**データ**は 46 〜 1,500 バイトで、末尾に誤りチェックビットの **FCS**（Frame Check Sequence、CRC32 ビット）が付きます。

宛先 MAC アドレス(6)	送信元 MAC アドレス(6)	タイプ (2)	データ (46〜1500)	FCS (4)

図 4-8　MAC フレームの構成

② MAC アドレス

イーサネットの通信相手の識別に使われるアドレスで、**48 ビット**（6 オクテット(6 バイト)）で構成されています（図 4-9）。**MAC アドレス**はインタフェースモジュール（またはカード）にセットされ、世界中でユニークな値となるように設定されています。

MAC アドレスの第 1 〜 第 3 オクテットは、各ベンダーが IEEE から取得する**ベンダーID** です。ただし、第 1 オクテットの 1 ビット目は個別/グループ（I/G）ビットで、0 は**ユニキャスト（個別）アドレス**を、1 は**マルチキャスト（グループ）アドレス**を示します。2 ビット目はユニバー

サル/ローカル（U/L）ビットで、0は全世界で一意の**ユニバーサル（グローバル）アドレス**を、1はLAN管理者が自由に設定できる**ローカルアドレス**を示します。第4～第6オクテットは、各ベンダーがインタフェースモジュールに割り振る**製品管理番号**です。

ベンダーID			ベンダー管理アドレス		
第1オクテット	第2オクテット	第3オクテット	第4オクテット	第5オクテット	第6オクテット
ベンダーIDの一部		U/L I/G	I/G　0：ユニキャストアドレス、1：マルチキャストアドレス U/L　0：ユニバーサルアドレス、1：ローカルアドレス		

図4-9　MACアドレスの構成

4.2.2　LAN関連のネットワーク機器

（1）リピータ

LANケーブルの**距離を延長**するために利用されるネットワーク機器です。

LANケーブルの長さは規定で決まっています（10BASE2では185m）が、多数のコンピュータを別の部屋や別の階で利用する場合は、長さが不足するためケーブルを延長する必要があります。ケーブルを延長するには、間にリピータを入れます。リピータでケーブルを延長しても接続形態は**バス型**のため、CSMA/CDの欠点である**衝突**は発生します。

（2）リピータハブ

スター型の接続を構成するために使われる**集線装置**です。

10BASE-Tなどのツイストペアケーブルでは、リピータハブの各ポート（機器により4～24ポート）に各コンピュータからのLANケーブルをつなぐことで、スター型接続となります。しかし、CSMA/CDの欠点である**衝突**は起きるので、単に接続が容易になっただけです。

（3）スイッチングハブ

前記リピータハブと同様に**スター型**の接続形態に使われる**集線装置**です。
スイッチングハブ[13]にはスイッチング（切り替え）機能を実現するために、

---

[13] 大規模LANでは、スイッチングハブの機能とVLAN（仮想LAN）などの機能も合わせもつ**L2（レイヤ2）スイッチ**とよばれる機器も使われます。

各ポート（4～24ポート）に接続されたコンピュータの **MAC アドレス**（4.2.1項(4)②）を**学習**する機能があります。そのため、コンピュータからポートに入力されたデータを別ポートに接続された宛先のコンピュータだけに送出できます。それにより、CSMA/CD の欠点である「**衝突が防止**」できます。

（4）ルータ

異なる LAN 間の接続や、LAN と WAN を接続するためのネットワーク機器で、異なるネットワーク間を**中継**する機能を持ちます。また、LAN と WAN の接続には**ブロードバンドルータ**とよばれるルータが使われます。

なお、TCP/IP で使われるルータの機能については、4.3.4 項((11)ルーティング）で扱います。

4．2．3　クライアントサーバシステム

（1）クライアントサーバシステム（CSS：Client Server System）

クライアントとサーバとよばれる 2 種類のコンピュータが分散して処理をおこなう**分散型コンピュータネットワークシステム**のことです。

クライアントとは、サービスを要求するコンピュータのことで通常パソコンが使われます。**サーバ**とは、サービスを提供するコンピュータのことで、各種コンピュータが使われます。サーバが提供するサービスには、各種業務処理機能、プリンタ機能、データベース管理、データの提供、外部ネットワークとの通信、ファイル管理、ファイル転送などがあります。

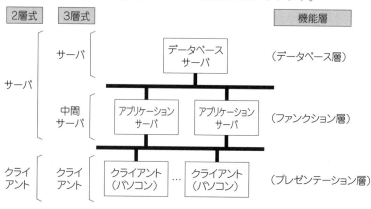

図 4-10　3 層式クライアントサーバシステム

（2）2層式クライアントサーバシステム（2層式CSS）

　図 4-10（左側）に示すように、サーバ1層とクライアントをネットワーク接続した**2層構造**のCSSです。2層式CSSは中間サーバがなく、サーバ側が1層のため、多数のクライアントからの処理要求があると、サーバ側の負荷が増大し処理が遅くなる問題がありました。

（3）3層式クライアントサーバシステム（3層式CSS）

　サーバ側を2層にすることで、各種アプリケーション（応用ソフトウェア）の処理（中間サーバ）とデータベース層の処理を分散できるため、サーバ側の処理負荷を軽減するとともに、クライアント側から各種アプリケーションを自由に使えるようになるなど、処理の効率性、操作性の向上、およびシステムの柔軟性が実現されています。

4.3　ネットワークアーキテクチャ

4.3.1　通信プロトコルとネットワークアーキテクチャ

（1）通信プロトコル（通信規約）

　通信をおこなう機器同士がお互いに守るべき規則を取り決めた通信規約、または通信規約の集合体のことで、**プロトコル**と略す場合もあります。

（2）ネットワークアーキテクチャ

　通信プロトコル全体を大きな機能群にわけて、機能群ごとに**レイヤ（層）**にまとめた**階層構造**をもつ通信プロトコルのことです。**ネットワークアーキテクチャ**は**階層型プロトコル**ともよばれます。

　階層構造により、複雑な通信プロトコルの機能が階層ごとに独立してまとめられたため、内容が理解しやすいうえ、改訂・更新が容易になりました。

　世界最初のネットワークアーキテクチャは、1974年にIBM社が発表した**SNA**（Systems Network Architecture）です。その後、コンピュータメーカなどから各種のネットワークアーキテクチャが発表されました。次項の**OSI基本参照モデル**は、各種ネットワークアーキテクチャあるいは通信プロトコルをもつネットワーク同士を接続するための国際標準です。

4.3.2 OSI 基本参照モデル

(1) OSI (Open Systems Interconnection) 基本参照モデルの特徴

異機種間のネットワークを容易に接続できるように参照するモデルとして、ISO (国際標準化機構) が 1979 年に制定した**開放型システム間相互接続基本参照モデル** (OSI と略される) です。

OSI は、7 階層の構造 (図 4-11 右) をもつ階層型プロトコル (ネットワークアーキテクチャ) であり国際標準 (**デジュアスタンダード**[14]) です。開放型という名称のとおり同モデルを採用すれば、世界中の数多くのネットワーク同士を接続できることが特徴です。OSI は、世界中の各種通信プロトコルを盛り込んでいるため、OSI のすべてを実現するケースはみられません。しかし世界中で通用する標準通信プロトコルのため、コンピュータやネットワーク機器が、TCP/IP などを補完するものとして 7 階層の該当箇所から必要なプロトコルを選択し、参照するかたちで利用しています。

(2) OSI の各層の特徴

① **第 1 層 (物理層)**

通信回線とのインタフェースである**電気的・物理的条件**や手順を制定しています。通信ケーブルの材質・コネクタの形状なども制定しています。

② **第 2 層 (データリンク層)**

隣接する機器とデータ伝送をおこなうため、通信路を確保する手順や通信路を流れるデータ形式などを制定しています。**LAN の制御方式**や、**MAC フレーム**なども制定しています。

③ **第 3 層 (ネットワーク層)**

最終的にデータを届けたい相手の機器と送受信をするための通信経路の選択 (**ルーティング**) や、**データの転送手順**などを制定しています。

④ **第 4 層 (トランスポート層)**

最終的な相手までデータを確実に効率よく届けるための**通信制御** (データの圧縮・多重化・分解/組み立て、誤り制御など) を制定しています。

---

[14] **デジュアスタンダード**は、国際機関や標準化団体が協議して定めた公式標準です。

⑤ **第5層(セッション層)**
プログラム同士がデータの送受信をおこなうための仮想的な経路である**セッションの確立や解放**などの手順を制定しています。

⑥ **第6層(プレゼンテーション層)**
通信データの**表現方式**(文字コードや暗号化など)を制定しています。

⑦ **第7層(アプリケーション層)**
様々な通信関連の**アプリケーション**で扱うデータを利用者に提供するためのソフトウェアについて制定しています。

TCP/IP モデル		OSI 基本参照モデル	
アプリケーション層		アプリケーション層	第7層
		プレゼンテーション層	⋮
		セッション層	⋮
トランスポート層		トランスポート層	⋮
インターネット層		ネットワーク層	⋮
ネットワークインタフェース層		データリンク層	⋮
		物理層	第1層

図 4-11 TCP/IP と OSI の関係

4.3.3 TCP/IP

(1) TCP/IP(Transmission Control Protocol/Internet Protocol)**の概要**

代表的なプロトコルである **TCP** や **IP** を含む複数のプロトコルの集合体(**プロトコルスイート**という)であるとともに、ネットワークアーキテクチャのひとつです。

TCP/IP の前身の **TCP** は 1974 年に発表され、初期の IP の概念も含まれていました。その後 1981 年に **TCP/IP** として発表され、1983 年に**インターネット**の通信プロトコルに採用されました。TCP/IP は、UNIX、Linux、Windows など多くの OS で標準装備され、ネットワークアーキテクチャおよび通信プロトコルの**デファクトスタンダード**[15](事実上の標準)となっています。

---

[15] デファクトスタンダードは、市場競争により決まった事実上の標準です。

TCP/IP は、第 1 層から第 3 層（トランスポート層）までが OSI の第 1 層から第 4 層（トランスポート層）に対応します（図 4-11）。必要に応じて OSI の第 5 層以上のプロトコルを TCP/IP の**アプリケーション層**で採用することにしています。たとえば、OSI のプレゼンテーション層のデータ圧縮や暗号化などは、アプリケーションごとの個別実装で実現しています。

（2）TCP/IP 各層の特徴

① **ネットワークインタフェース層**

OSI の**物理層**と**データリンク層**に該当し、ネットワーク機器など、物理的なレベルでの**データ転送方式**を規定しています。イーサネット、トークンリング、FDDI、PPP、PPPoE（下記）などが含まれます。

・PPP（Point-to-Point Protocol）：電話回線を利用するダイヤルアップ接続や ISDN で利用されます。**PPPoE（PPP over Ethernet）**は、イーサネット経由で光通信や ADSL を利用するときのプロトコルです。

② **インターネット層**

OSI の**ネットワーク層**に該当し、データの**伝達経路**を規定しています。IP、ICMP、ルーティングプロトコルの RIP、OSPF などが含まれます。

a．IP（Internet Protocol）

データをパケットに分割し、パケットにヘッダ情報（IP ヘッダ）を付加した **IP データグラム**（図 4-12）を送受信する役割をもつプロトコルです。IP は**コネクションレス型プロトコル**なので、データが相手先へ届いたかどうかの**着信確認**はおこないません。確認は上位プロトコルの **TCP** でおこないます。

現在の IP の主流は **IPv4**（IP バージョン 4）ですが、新しいプロトコルの **IPv6**（IP バージョン 6）への移行が進んでいます。**IPv6** は、4.3.5 項で扱います。

IP ヘッダ

制御情報 (12)	送信元 IP アドレス (4)	宛先 IP アドレス (4)	データ

図 4-12　IP データグラムの構成

- IPデータグラム（またはIPパケット）：IPで送信されるひとかたまりのデータのことです。**IPデータグラム**の先頭からオプション（図4-12ではオプションは省略）までが**IPヘッダ**になり、**MACフレーム**のデータの先頭部分に該当します。**制御情報**（12バイト）には、IPデータグラムの各種制御情報が含まれます。送信元と宛先の**IPアドレス**については、4.3.4項で扱います。
- **IPヘッダの制御情報のTTL**：制御情報の1つとして設定されるITデータグラムの生存期間をあらわす値で、送信元で設定します。**TTL**（Time To Live）の値は、宛先へ届くまでにルータなどを1回経由するごとに1ずつ減少され、0になるとITデータグラムが廃棄され、**廃棄通知**が送信元に戻されます。このしくみは、宛先に届かないITデータグラムがインターネット上に永久に存在することを防止しています。

b．ICMP（Internet Control Message Protocol）

前述のようにIPはデータの着信確認をしないため、データが届くかどうかの「**事前確認や障害**」を送信元に知らせるために用意されているプロトコルです。IPデータグラムのデータ部分にICMPヘッダとICMPメッセージが設定されます。

たとえば、ルータが IPデータグラムを相手先に配送できない場合、**ICMP 到達不能メッセージ**が戻されます。また、相手先まで IPデータグラムが届くかどうかの事前確認は、**ICMPエコー要求メッセージ**を送信し、**ICMPエコー応答メッセージ**が戻ることでおこなわれます。この事前確認は ping という**ネットワークコマンド**でも実行されます。

c．RIP（Routing Information Protocol）

ルータ同士が**経路選択（ルーティング）** に必要な情報を交換する手順を決めたプロトコルで、小規模ネットワークで使われます。

経路選択の**メトリック**（優先度設定のためのパラメータ）には**ホップ数**（宛先までに経由するルータなどの数）が使われます。

d．OSPF（Open Shortest Path First）

大規模ネットワークで、RIPにかわって使われるプロトコルです。

経路選択の**メトリック**には**コスト**(インタフェースの帯域幅:通信速度から定めた値)が使われます。

③ **トランスポート層**

データをパケットに分割し、パケットを最終的な宛先の機器との間で確実に送受信するための規定をしています。**TCP** と **UDP** が含まれます。

a.**TCP**(Transmission Control Protocol)

データ送受信のとき、パケット単位でデータの**着信確認**をおこない、問題があれば再度送信するなど、信頼性の高い通信を保証する**コネクション型プロトコル**です。

・**TCP セグメント**:TCP で送信されるひとかたまりのデータを TCP セグメント(または TCP パケット)といいます(図 4-13)。**TCP セグメント**は IP データグラムのデータ部分にあたります。

TCP ヘッダでは、アドレスのかわりに、各アプリケーションに対応した送信元と宛先の**ポート番号**(2 バイト)が使われます。また、送信データの**シーケンス番号**(4 バイト)が付けられ、宛先からのデータ着信を確認する**確認応答番号**(4 バイト)も付きます。**制御情報**など(8 バイト)には、伝送制御のための各種**制御情報**や**チェックサム**(2 バイト)が含まれます。

TCP ヘッダ

送信元ポート番号(2)	宛先ポート番号(2)	シーケンス番号(4)	確認応答番号(4)	制御情報など(8)	データ

図 4-13 TCP セグメントの構成

b.**UDP**(User Datagram Protocol)

高速なデータ転送を可能にするためデータの確認応答をしない**コネクションレス型プロトコル**です。UDP で送信されるひとかたまりのデータを **UDP データグラム**といいます(図 4-14)。

UDP ヘッダ

送信元ポート番号(2)	宛先ポート番号(2)	パケット長(2)	チェックサム(2)	データ

図 4-14 UDP データグラムの構成

- UDP データグラム：**高速転送**などに利用されるため、ヘッダは 8 バイトと短く、**パケット長**（2 バイト）は UDP データグラムの長さ、チェックサム（2 バイト）はヘッダ部分のエラーチェック用で、データ部分のエラーチェックはおこないません。

④ アプリケーション層

ユーザとの間のデータ交換など、**アプリケーションレベル**の手順や機能を規定しています。HTTP、SMTP、POP3、FTP、Telnet などが含まれます。

 a．HTTP（Hyper Text Transfer Protocol）
 インターネットの**ウェブサーバ**と**ブラウザ**との間で、データを送受信するためのプロトコルです。4.4.3 項(1)でも扱います。

 b．SMTP（Simple Mail Transfer Protocol）
 電子メールで**メッセージを送信**するときに使われるプロトコルです。

 c．POP3（Post Office Protocol 3）
 電子メールが格納されているメールサーバから**受信メール**を受けとるときに使われるプロトコルです。

 d．FTP（File Transfer Protocol）
 ネットワークを経由した**ファイルの送受信**に使われるプロトコルです。送受信は FTP **サーバ**と FTP **クライアント**の連携でおこなわれます。

 e．Telnet（Telecommunication Network：テルネット）
 ネットワークを経由して**リモート端末**（遠隔地の端末）からコンピュータを操作するために使われるプロトコルです。

(3) TCP/IP の各層と主要プロトコルの関係

各層と主要プロトコルの関係を図 4-15 に示します（説明は 4.3.4 項)。

- DNS（4.3.4 項(8)）：アプリケーション層からインタート層とネットワークインタフェース層に関係します。
- DHCP（4.3.4 項(7)）：全層に関係します。
- ARP（4.3.4 項(9)）：インターネット層とネットワークインタフェース層に関係します。

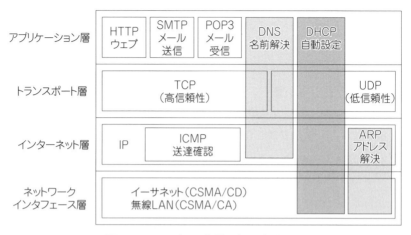

図4-15 TCP/IPの各層と主要プロトコル

4.3.4 IPアドレスと関連機能

(1) IPアドレスとは

宛先と送信元の機器を指定するのに使うアドレスで、**IP** で規定されます。

IPアドレスは32ビットの長さのため、8ビットずつ10進数に変換して「.」で結合して表記します。たとえば、**192.168.0.1**（図4-16）のように4群の10進数の組み合わせで表記します。

図4-16 IPアドレス表記

インターネットでは同一のIPアドレスはゆるされない（IPv4のみ）ため、宛先のIPアドレスがわかれば、それを指定して通信することができます。

(2) クラスフルアドレス

ネットワークアドレスの**長さが固定**されているアドレス方式です。

上位の1ビットから3ビットまでの値の組合せでクラスAからCが決まり、ネットワークアドレスの長さも決まります（図4-17）。

クラスDは、特定のグループ全体にデータを送るときに使われ、**マルチキャストアドレス**といいます。

クラスEは、将来の使用のために予約されています。

クラスAは、ホストアドレスが24ビットで約1,677万台、クラスBは同16ビットで65,534台、クラスCは同8ビットで254台までのホストが使用できます。しかし、クラスAやBを取得した組織では使わないホストアドレスが多数残り、それが**アドレスのむだ使い**となる問題がありました。

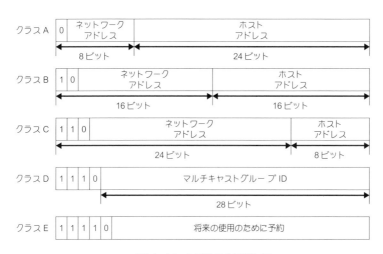

図4-17　クラスフルアドレス

(3) **クラスレスアドレス**

ネットワークアドレスの**長さを固定しない**方式です。固定しないことで、クラスフルアドレスの問題のアドレスのむだ使いをなくしました。

① **サブネットマスク**

クラスレスアドレスで**ネットワークアドレス部分**を決めるしくみで、長さをビット単位で指定できます。同方式は、ホストアドレス部の上位ビット部分を**サブネットワーク**として使えるようになります。たとえばIPアドレスが 160.8.65.71 (図4-18) はクラスBで、ネットワークアドレスが 160.8.0.0 ですが、**サブネットマスク**を 255.255.255.192 とした場合、それを2進数に変換した 1 が連続する部分が**ネットワークアドレ**

スとなり、0 が連続する部分が**ホストアドレス**となります。これにより、ネットワークアドレスが 26 ビットの **160.8.65.64** となり、10 ビット分拡張されます。

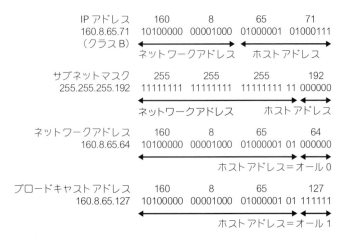

図 4-18　サブネットマスクの関係

なお、ホストアドレスをオール 0 としたとき、IP アドレスは**ネットワークアドレス**を示すことにされています。また、ホストアドレスが**オール 1** のときは**ブロードキャストアドレス**になります。

ブロードキャストアドレスとは、同一のネットワークアドレスで指定されたホスト全体にデータを**同報通信**するアドレスです。前記の**マルチキャストアドレス**は、特定のグループのみに同報通信するアドレスです。なお、**クラスレスアドレス**による**ルーティング**（経路選択）では CIDR（次項）という方式が使われます。

② CIDR（Classless Inter-Domain Routing：サイダーと発音）

CIDR は、**クラスレスアドレス**に対応した**ルーティングの方法**、または クラスレスアドレスの**表記方法**のことです。CIDR 表記では、簡単にネットワークアドレスとホストアドレスのビット数を表せます。

前記のサブネットマスクのしくみでは、IP アドレスとサブネットマスクの 2 つの表記が必要でしたが、それを簡単にしたのが CIDR 表記です。図 4-18 の例を CIDR 表記するとつぎのようになります。

160.8.65.71/26

ここで 26 は**プリフィックス長**とよばれ、ネットワーク部分のビット数になります。その左側の表記は IP アドレスになります。ルータでは、この CIDR 表記が使われます[16]。

(4) プライベートアドレスとグローバルアドレス

IP アドレスの枯渇に対処するため、組織内でのみ通用する**プライベートアドレス**が使われます。下記が組織内で使えるプライベートアドレスの範囲ですが、組織外では使えないように規定されています。

 10.0.0.0 ～ 10.255.255.255（クラス A に該当）
 172.16.0.0 ～ 172.31.255.255（クラス B に該当）
 192.168.0.0 ～ 192.168.255.255（クラス C に該当）

プライベートアドレスは組織内のみで使えるため、**ローカルアドレス**ともいいます。それに対し、組織外で使えるアドレスを**グローバルアドレス**といいます。インターネットで使えるアドレスはグローバルアドレスです。

(5) ループバックアドレス

コンピュータが「**自分自身**」を示すアドレスです。クラス A のネットワークアドレス部の下位 7 ビットがすべて 1 のアドレスですが、通常は 127.0.0.1 が使われ、localhost（**ローカルホスト**）という名前が付けられています。

127.0.0.1 を指定して通信（ネットワークコマンドによる ping）すると、自分自身の折り返し（**ループバック**）テストができるので、自分自身（ハードウェアとネットワークソフトウェア）が正常かどうかを確認できます。

(6) NAT と NAPT

 ① NAT（Network Address Translation）

  プライベートアドレスとグローバルアドレス間の変換をするしくみのことです。

  NAT により、プライベートアドレスをもつコンピュータからインターネットにアクセスできるようになります。NAT は、**ゲートウェイ**とよばれ

---

[16] CIDR は、サブネットごとにネットワークの長さを自由に変えられ、これを**可変長サブネットマスク（VLSM）**といいます。可変長でないサブネットマスクのしくみではネットワークの長さは固定されます。

るサーバがもつ機能で、1つのプライベートアドレスに1つのグローバルアドレスを対応させる表を備えています。

② NAPT（Network Address Port Translation）

複数のプライベートアドレスと1つのグローバルアドレスの変換をするしくみのことです。**ポート番号**（アプリケーションの識別番号）を付加して、1つのグローバルアドレスで複数の組織内コンピュータとのデータのやりとりができるようになります。**NAPT**は**IP マスカレード**ともよばれます。

(7) DHCP（Dynamic Host Configuration Protocol）

クライアント側（コンピュータ）のネットワークに関係した設定を自動でおこなうためのプロトコルで、**DHCP サーバ**に設定情報を登録して使います。

設定情報には、クライアントのIPアドレス、サブネットマスク、デフォルトゲートウェイ、ローカルDNSサーバのIPアドレスなどがあります。これらをDHCPによりクライアントに送ることで自動的に設定されます。

(8) **ドメイン名とDNS**

① ドメイン名

インターネットの**IPアドレス**（ネットワークアドレスとホストアドレスを含む）は10進数表記であらわされますが、われわれには扱いにくいため、IPアドレスの代わりに**文字列**であらわされた名前のことです。

たとえば図4-19は、総務省の**ドメイン名**と**スキーム**の組合せで、これを**ブラウザ**のアドレスバーに入力して操作すると総務省のウェブページを表示できます。同図の**ドメイン名**は、**ホスト名**（WWW）、**アドレス名**（soumu）、**組織種類名**（go：行政機関）、**国名**（jp：日本）となります。一番右は**トップレベルドメイン**とよばれ、国名の代わりに汎用名を使う場合もあります[17]。その場合、政府機関は gov、企業は com、一般組織は org、教育機関は edu などとなります。

ホスト名を除く**ドメイン名**については、日本ではJPNIC（Japan Network Information Center）が管理し、JPRS（日本レジストリサービス）が各ISP

---

[17] トップレベルドメインのすぐ左は第2レベルドメイン、つぎは第3レベルドメインと順によばれます。

（インターネットサービスプロバイダ）からの申請を処理しています。ドメイン名が必要なときは ISP から取得することになります。なお、米国 **ICANN**（Internet Corporation for Assigned Names and Numbers）は、ドメイン名と IP アドレスを世界的に管理しています。

ホスト名は、各利用組織が管理します。

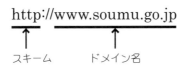

図 4-19　総務省のドメイン名（スキームとの組合せ）

② DNS（Domain Name System）

ドメイン名に該当する **IP アドレス**を返すしくみのことです。

TCP/IP では宛先に IP アドレスを使うため、**DNS** によりドメイン名を IP アドレスに変換したうえで使います。この変換を**名前解決**といいます。インターネットを利用する組織では、DNS 機能をもつサーバ（**ローカル DNS サーバ**）を設置します。同サーバにはドメイン名と IP アドレスの対応テーブルが格納されています。インターネットの宛先をドメイン名で指定したときは、**TCP/IP** が自動的に**ローカル DNS サーバ**に IP アドレスへの**変換要求**をおこない、何台もの DNS サーバの連携により、最終的に IP アドレスに変換されます。

（9）**アドレス解決**

IP アドレスから **MAC アドレス**を求めるしくみのことです。イーサネットで**隣接機器**とのデータ送受信には **MAC フレーム**（4.2.1 項(4)①）が使われます。そこでは IP アドレスでなく **MAC アドレス**が使われるため、宛先 IP アドレスに対応する MAC アドレスを求める必要があります。それに使われる手順が **ARP**（Address Resolution Protocol：**アドレス解決プロトコル**）です。

・ARP：イーサネットの**宛先 MAC アドレス**を**オール 1** にし、**宛先 IP アドレス**を MAC フレームのデータ部の中に設定し、**ブロードキャスト**を使い MAC フレームを送ります。すると、宛先 IP アドレスに該当する機器から **MAC アドレス**を入れた応答が MAC フレームで返されます。

（10）デフォルトゲートウェイ

LAN などのネットワークから外部のネットワークに接続する場合に、出入り口の役割を果たすように設定されたルータまたはコンピュータのことです。

同一 LAN 上のコンピュータ同士のデータのやりとりは、直接相手に接続してデータを送受信しますが、その他の場合は**デフォルトゲートウェイ**を介してデータの送受信を行います。なお、家庭環境では**ブロードバンドルータ**がデフォルトゲートウェイ機能をもっています。

（11）ルーティング

ルータに入力されたパケットの宛先 **IP アドレス**を読み取り、宛先へ接続できる可能性の高い経路を選択する機能です。

① ルーティングテーブル

ルーティング機能を実現するために、経路選択のための経路情報などが登録されたテーブルのことです。

② ルーティングテーブルの構築・更新

ルーティングの設定には**ダイナミックルーティング**と**スタティックルーティング**の 2 種類があります。

a．ダイナミックルーティング

ルーティングテーブルの構築や更新を「**自動的**」に設定することにより、おこなわれるルーティングのことです。

b．スタティックルーティング

ルーティングテーブルの構築や更新を「**手動**」で設定することにより、おこなわれるルーティングのことです。

③ ルーティングのメトリック

ルーティング（経路選択）するときに最短経路または最適経路を判断するための情報で、ルーティングテーブルに含まれます。**メトリック**の数値が小さいほうの経路が選択されます。なお、RIP では**ホップ数**が、OSPF では**コスト**が該当します（4.3.3 項(2)②インターネット層）。

4．3．5　IPv6 と IP アドレス

（1）IPv6 とは

おもに IP アドレスの不足を解決する目的で、1994 年に標準化された IP の

新バージョン（**バージョン 6**）のことです。前項で取り上げた IP アドレスは、現在主流の **IPv4**（バージョン 4）のものです。IPv4 は 32 ビットなので理論上 43 億種類のアドレスが使えますが、現在はアドレスが枯渇状態のため、128 ビットのアドレス体系をもつ **IPv6** の利用が始まっています。IPv6 は理論上、2 の 128 乗のアドレス（IPv4 のアドレスの 2 の 96 乗倍）が使えるため、アドレス枯渇の心配はありません。IPv6 は、**IETF**[18] が標準化を進めています。

（2）IPv6 アドレスの表記

128 ビットのアドレスを 16 ビットずつ 8 等分し、各ブロックに 4 ケタの **16 進数**を使い、間を「：」でつないで表記します。

なお、各ブロックの先頭から続く 0 は省略できます（例、0001：0002 ⇒ 1：2）。また、0 が複数ブロック続いた場合は「：：」と省略できます。IPv6 のループバックアドレスは最下位ビットのみ 1 のため、つぎのように省略できます。

0000：0000：0000：0000：0000：0000：0000：0001 ⇒ ：：1

（3）IP アドレスの構造

上位 64 ビットは**プリフィックス**とよばれ、IPv4 のネットワークアドレスにあたります（図 4-20）。下位 64 ビットは**インタフェース ID** とよばれ、IPv4 のホストアドレスにあたります。この境界は固定されています。

プリフィックス (64)	インタフェース ID (64)

図 4-20　IPv6 アドレスの構造

（4）アドレスの種類

アドレスはつぎの 3 種類に大別されます。

① **ユニキャストアドレス**

IPv4 と同様に **1 対 1** の通信で使われるアドレスです（下記(5)）。

② **マルチキャストアドレス**

IPv4 と同様に、特定の「グループ全体」の送信に使われるアドレスです（下記(6)）。

---

[18] IETF（Internet Engineering Task Force）は、インターネットの技術の標準化をおこなっている組織です。

③ エニーキャストアドレス

IPv4 にはないもので、「同じアドレス」が指定された宛先のうち、もっとも近い相手と通信がなされるような状態のアドレスのことです（下記(7)）。

(5) ユニキャストアドレスの例

① グローバルユニキャストアドレス

アドレス制限がなく、どこでも利用可能なアドレスです（図4-21）。プリフィックスの上位 3 ビットが 001、16 進表記で 2000::/3 となります。通常は 16 進表記で 2001::/16 のアドレス範囲（上位 16 ビットが 2001）が使われます。なお、ISP に申請して**グローバルルーティングプリフィックス**の割り当てを受けます。**サブネット ID** はユーザが自由に使えます。

グローバルルーティングプリフィックス

001 (3)	(45)	サブネット ID (16)	インタフェース ID (64)

図 4-21 グローバルユニキャストアドレス

② ユニークローカルユニキャストアドレス

組織内などのプライベートで使用するアドレスです（図4-22）。上位 8 ビットが 1111 1101 となるアドレスで、16 進表記で FD00::/8 になります。40 ビットの**グローバル識別子**は、ランダムに**生成する**値を使用し、**サブネット ID** はユーザが自由に使えます。

11111101 (8)	グローバル識別子 (40)	サブネット ID (16)	インタフェース ID (64)

図 4-22 ユニークローカルユニキャストアドレス

③ リンクローカルユニキャストアドレス

同一サブネット上の通信に利用するアドレスです（図4-23）。

1111111010 (10)	0 (54)	インタフェース ID (64)

図 4-23 リンクローカルユニキャストアドレス

上位 10 ビットが 1111 1110 10、16 進表記で FE80::/10 になります。残りの 54 ビットは 0 になります。

④ インタフェース ID

インタフェース ID の設定は 3 種類あります。

ａ．手動で設定

手動で 64 ビットを設定する方法です。

ｂ．自動で設定（EUI-64 と匿名アドレス）

自動で設定するしくみにはつぎの 2 種類があります。

・EUI-64：MAC アドレス（48 ビット）から自動で生成するものです。MAC アドレスの上位 1 バイトの下位 2 ビット目を反転させたアドレス（48 ビット）を 24 ビットずつにわけ、間に 16 ビットの FF:FE を追加してインタフェース ID とします。たとえば、MAC アドレスが BC-5F-F4-FD-40-24 の場合、上位 1 バイトの 2 ビット目を反転させると、BE-5F-F4-FD-40-24 となり、FF:FE を中間に挿入すると、BE5F:F4FF:FEFD:4024 がインタフェース ID となります。

・匿名アドレス：ルータのシリアルインタフェースやダイヤルアップの場合の PPP 接続では MAC アドレスがないため、ランダムに**インタフェース ID** を生成して**匿名アドレス**として使います。

（6）マルチキャストアドレスの例

プリフィックスの上位 8 ビットが 1111 1111 となるアドレスで、16 進表記で FF00::/8 となります（図 4-24）。

11111111 (8)	フラグ (4)	スコープ (4)	グループ ID (112)

図 4-24　マルチキャストアドレス

2 バイト目の上位 4 ビットは**フラグ**とよばれ、マルチキャストアドレスの**タイプ**を指定します。同じく下位 4 ビットは**スコープ**とよばれ、マルチキャストアドレスの「到達範囲」を指定します。残りの 112 ビットはマルチキャストアドレスの**グループ ID** をあらわします。なお、IPv4 のブロードキャストアドレスはなくマルチキャストアドレスで代行されます。

（7）エニーキャストアドレスの例

1つのグローバルユニキャストアドレス（前記）を複数のインタフェースで共有するときのアドレスのことです。

この場合、「もっとも近く」にあるエニーキャストアドレスが選択されます。

（8）IPv6 のその他の特徴

① セキュリティ機能

IPsecとよばれるセキュリティ機能が標準装備されるため、データは暗号化して送ることができ、セキュリティを確保できます。

② 効率的なルーティングの実現

IPアドレス自体に階層構造をもたせ、**経路情報**がわかるようにアドレス体系が設計されています。IPv4では経路制御情報の増大の問題がありましたが、これを解消して効率的なルーティングが実現できます。

③ IPv4 との共存

IPv6は、IPv4との互換性がないため、両者間の通信には、**アドレスプロトコル変換**のしくみが必要という課題があります。それを解決するために**トンネリング技術**などが用意され、IPv4からIPv6への移行をできるだけスムーズにおこなえるように、いろいろと考慮されています。

4.4 インターネット技術の基礎

4.4.1 インターネットとはなにか

インターネットは、インターネットワーキングされたネットワークから名づけられたとされています。図4-25aに示すように、**インターネットワーキング**とは、2つ以上のネットワーク同士を相互接続することです。**インターネット**は、世界中のネットワークを相互接続してできたネットワークなのです。

インターネットワーキングされたネットワークはインターネットだけではありません。たとえば、**全銀システム**は、日本全国の銀行・信用金庫・信用組合などの各ネットワークをインターネットワーキングして作られたネットワークです。**全銀システム**はセキュリティ確保が最優先課題のため、金融

機関以外には開放されていません。その反面、**インターネット**は民間に開放されているので、**電子商取引**などの多くのビジネスに活用されています。

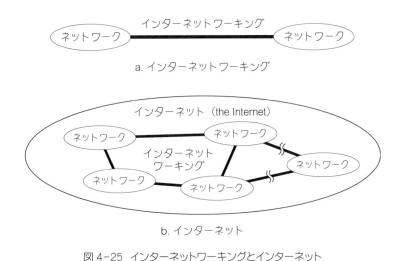

図 4-25　インターネットワーキングとインターネット

4.4.2　インターネットの変遷

（1）インターネットの誕生

インターネットは、米国とソ連の冷戦時代の 1969 年に、**米国防総省高等研究計画局**（ARPA、現在の DARPA）が国防を目的として研究・開発した**アーパネット**（ARPANET：Advanced Research Project Agency Network）を母体としています。**アーパネット**は、**パケット交換方式**（4.2.1 項(1)②b）を採用し、通信回線の交換機能を分散させた**分散型ネットワーク**として構築されました。従来の電話網のような集中した交換機能をもたずに、それをネットワーク全体に分散しました。そのため、軍事攻撃によってネットワークの一部が破壊されても、破壊箇所以外はデータ通信を維持することが可能となっています。なお、アーパネット構築初期の 1974 年に、**ビン・サーフ**と**ロバート・カーン**の論文に、Internet という言葉が初めて登場しています。

（2）TCP/IP の採用とインターネットの発展

アーパネットは当初、各種のネットワークと相互接続する試みがおこなわ

れました。1983年には、異なるネットワークや異機種のコンピュータとの接続を容易にするため、通信プロトコルの **TCP/IP** を採用しました。

1986年にアーパネットの技術を活用した **NSFnet**（National Science Foundation network）が構築されました。これは、**全米科学財団**（NSF）の支援をうけた学術研究用のネットワークでした。NSFnetは、大学や研究所などのコンピュータを接続し、世界中に広がる大規模なネットワークへ発展しました。その後アーパネットと統合され、現在の**インターネット**となりました。なお、アーパネットは機能拡張され1990年まで稼働しました。

日本では、1984年に東京大学、東京工業大学、慶應大学の3大学間を接続する **JUNET**（Japan University Network）が誕生しました。JUNETは、米国の **USENET** と接続され、700の機関を結ぶ実験用ネットワークへと発展しましたが1991年に現在のインターネットへと移行し、1994年に終了しました。

（3）WWWの誕生とブラウザの発展

1989年に、スイスの **CERN**（欧州素粒子物理学研究機関）の技術者であった**ティム・バーナーズリー**が、世界初の**ウェブページ閲覧システム**（WWW：World Wide Web）を開発しました[19]。1990年に、それまで研究用に限定されていたインターネットの**商用利用**が可能になったときに、彼はインターネットを介してWWWを世界中に無料公開しました。このWWW（世界規模に広がる蜘蛛の巣の意味）を使えばインターネット上に散らばっている世界中の文書情報を探すことがたいへん容易になりました。日本でも1992年9月に最初のウェブページが外部に公開されました[20]。

1993年に、画像も扱えるウェブページ閲覧ソフト（ブラウザといいます）の**モザイク**（Mosaic）が、米国イリノイ大学の**マーク・アンドリーセン**らによって開発され無料公開されたため、世界中で利用されるようになりました。彼らは1994年に、ネットスケープコミュニケーションズ社を設立し、モザイク改良版の**ネットスケープ**（Netscape Navigator など）を発売しました。

1995年に米国マイクロソフト社は、パソコンOSの **Windows 95** の発売と同時にブラウザの**インターネットエクスプローラ**（IE）を提供しました。当初

---

[19] CERNでは多機種のコンピュータが混在し、技術者たちが技術情報を交換することがたいへん困難でした。この問題を解決するためにWWWが開発されました。
[20] 茨城県つくば市にある高エネルギー加速器研究機構のウェブサーバです。

は機能的に劣っていましたが、1998年にIEが機能アップすると、**ネットスケープ**を駆逐するように発展しました。

（4）インターネットの商用利用とさらなる発展

1990年に米国で**インターネットの商用利用**が許可されると、インターネットを利用した数多くのビジネスが誕生しました。たとえば、従来のカタログショッピングやテレビショッピングを代替するインターネット利用の**ネットショッピング**が登場し普及しました。

企業取引の分野でもインターネットを利用し、安価で便利な**企業間取引**ができるようになりました。たとえば、インターネット上に**仮想マーケット（ネット市場）**を構築し、そのマーケット経由で製品や部品の企業間取引をおこなえるようになりました。インターネット上に**仮想の商店街**を構築し、消費者が好きな店で好みの商品を購入したりすることも可能となりました。世界中のニュースや新聞記事などはインターネット上に無料で公開されていますし、一般の利用者がインターネット上に自分から情報を掲示・発信することも容易になりました。まさにインターネットは、**地球規模の経済圏**を構築するたいへん便利な**インフラ（共通の基盤）**となりました。いまやインターネットはわれわれの生活になくてはならないものとなっています。

4.4.3 インターネットの基礎技術

（1）WWWのしくみ

前項で述べたWWWは、実はブラウザのほかに、3つの要素技術（HTML、URL、HTTP）から構成されています。これらのしくみにより、インターネット上にあるウェブページを自由自在にみることができるわけです。

① ブラウザによるウェブページ閲覧の流れ

パソコンからインターネット上のウェブページを閲覧するには、そのウェブページが存在する**ウェブサーバ**とサーバ内のファイルを指定することが必要です。この指定にはURL（②参照）という表記方法を使います。ウェブページが存在するウェブサーバとのデータのやりとりは、HTTP（③参照）にしたがっておこなわれます。

図4-26に示すように、ユーザがパソコンの**ブラウザ**を起動してウェ

ブページを読む要求をすると、URL から求めた遠方のウェブサーバに対し、HTTP のプロトコルにしたがって、**ウェブページ**の閲覧要求が送られます。すると、該当のサーバから該当のページのファイル情報（HTML 文書）が、HTTP のプロトコルにしたがって、要求を送ったパソコンの**ブラウザ**に送られてきます。ブラウザは、この情報を画面に表示します。つぎに WWW の 3 つの要素技術について説明します。

② URL（Uniform Resource Locator）

ウェブページはインターネット上に数え切れないほど存在するため、ユーザは、閲覧したいウェブページの場所を指定する必要があります。このときもちいられるウェブページの所在場所をあらわす方式を URL といいます。図 4-27 に示すように、URL は左から順に、**スキーム**、**ドメイン名**、**ディレクトリ名**、**ファイル名**にわけられます。**スキーム**は、使われるプロトコルなどの種類、**ドメイン名**はサーバの場所、**ディレクトリ名**は、サーバ内のファイルがあるディレクトリ名、**ファイル名**は該当のウェブページのファイル名をそれぞれあらわします。

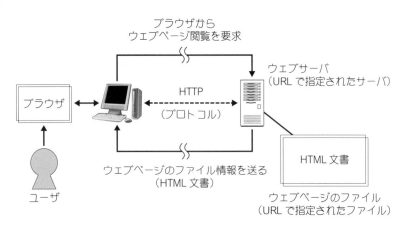

図 4-26　WWW のしくみ

図 4-27 の例のドメイン名は**ホスト名**（WWW）まで含んでおり、このようなドメイン名を FQDN（Fully Qualified Domain Name）といいます。パソコンのユーザは、**ブラウザ**を利用しウェブページ内に設定してある

リンク（ハイパーリンク）をクリックするだけで、ウェブページを簡単に閲覧できたいへん便利です。

```
http://www.soumu.go.jp/menu_seisaku/toukei/index.html
   ↑          ↑              ↑              ↑
 スキーム    ドメイン名      ディレクトリ名      ファイル名
```

図 4-27　総務省の統計情報ウェブページの URL

③ HTTP（Hyper Text Transfer Protocol）

ウェブサーバとブラウザ間でデータの送受信をするためのプロトコルです。**HTTP**では、通信の手順やデータ要求（リクエストメッセージ）、応答（レスポンスメッセージ）の形式などを規定しています。

URL が「http://xxxx/yyyy」の場合は、**HTTP** が使われています。暗号化されたデータ通信をおこなうときには **HTTPS**[21] が使われ、その URL は、「https://xxxx/yyyy」となります。HTTPS は、ウェブサーバとブラウザ間の通信を**暗号化**しておこなうので、プライバシーに関する情報やクレジットカード番号などを安全にやり取りできます。

④ HTML（Hyper Text Markup Language）

ウェブページの作成に使われる言語のことです。

HTML を使うことにより、画像、音声、動画などのマルチメディア情報を含んだ内容を、ウェブページ上で表現することが可能です。HTML で記述した文書を HTML ファイル、あるいは HTML 文書といいます。

HTML はプログラミング言語と異なり、文書情報を記述するための言語で、**タグ**とよばれる記号を使い文書の論理構造を記述するので、**マークアップ言語（マーク付け言語）**とよばれます。

⑤ XML（extensible Markup Language）

HTML は、決められたタグを使用してウェブページを作成しますが、**XML** はタグそのものも定義できる言語です。

ユーザが独自にタグを定義することで文書構造だけでなく、**データ構造**

---

[21] HTTPS は、SSL/TLS とよばれる暗号化の機能がある安全な環境でおこなわれる HTTP 通信を示す用語です。

の記述が可能になります。XML は、HTML より柔軟な機能拡張ができ、メーカの仕様に依存しないウェブページ作成用として開発されました。

⑥ **CGI**（Common Gateway Interface）

ブラウザからの要求に応じ、ウェブサーバ側のプログラムを動作させるしくみのことです。

HTTPでは、ウェブサーバ内にあらかじめ存在しないファイルは閲覧できませんが、CGI を使うことでプログラムが起動され、動的に文書が生成されるため**動的表示**が可能になります。ユーザの入力状況に対応してメッセージを変えるなどの双方向のやりとりになり、より見やすく使いやすいウェブページが実現できます。

（2）イントラネットとエクストラネット

インターネット技術を組織の内外のネットワークへ応用したものが、イントラネットとエクストラネットです（図4-28）。インターネット技術を利用することで、組織内のネットワークの利用から外部のインターネットの利用まで同じ方法で操作でき、たいへん便利です。

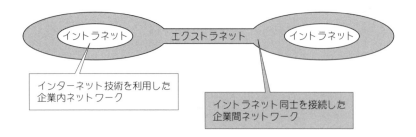

図 4-28　イントラネットとエクストラネット

① **イントラネット**（intranet）

イントラ（Intra）は「内部の」という意味で、イントラネットは「内部ネットワーク」として、TCP/IP や WWW というインターネット技術を利用した**組織内ネットワーク**のことです。

イントラネットは、組織内のメンバーの共同作業を容易にします。たとえば、**グループウェア**をサーバ側に導入すると、パソコンのユーザはブ

ラウザを使うだけで、**グループウェア**の機能を使うことができます。
イントラネットにはつぎのような利点があります。

- ・組織内の情報共有に適している
- ・LAN などの既存のネットワークがあれば導入コストが安い
- ・インターネット利用と操作の統一を実現
- ・ユーザの容易な操作を実現
- ・アプリケーションなどの改訂が容易

② **エクストラネット**（extranet）

エクストラネットは、図4-28 に示すようにイントラネット同士を接続した**組織間ネットワーク**のことです。

エクストラネットにはつぎのような利点があります。

- ・組織間の情報共有に適している
- ・イントラネットがあれば、導入コストが安い
- ・インターネット利用と操作の統一を実現
- ・ユーザの容易な操作を実現
- ・アプリケーションなどの改訂が容易

このように、エクストラネットを使うと、提携企業や企業グループなどによる統一したネットワークの構築が可能です。しかし通常、インターネットを介して外部接続するため、**セキュリティ面の確保**が重要です。そのため組織間の通信には VPN（4.1.2 項(4)③）が利用されます。

4.4.4 インターネットの応用技術

(1) ポータルサイト（portal site）

インターネットにアクセスするとき入口となるウェブサイトのことです。**ポータル**には入口・玄関の意味があり、**ポータルサイト**では、情報検索やニュースの閲覧、電子掲示板、メールの送受信などのさまざまなサービスが提供されています。おもなポータルサイトには、Yahoo!、Google、MSN、Excite、Infoseek、goo などがあります。ここでは、**Yahoo!** と **Google** を取り上げます。

① Yahoo!（ヤフー）

1994年に、米国スタンフォード大学の**ジェリー・ヤン**と**デビッド・ファイロ**が始めたインターネットの分類・検索サービスです（図4-29左）。Yahoo!は、ウェブページの分類と階層構造の使いやすさが評判となり、翌1995年には事業として開始されました。現在では世界有数のアクセス数を誇るポータルサイトに成長しました。現在のYahoo!は検索機能だけでなく、ウェブメール、ネットショップやネットオークション、音楽や動画の配信、ブログや各種アプリケーションの提供など、広範囲なサービスを提供しています。

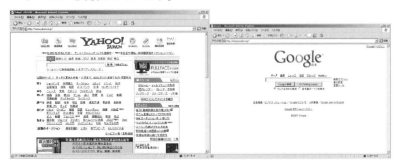

図4-29　Yahoo!とGoogleのトップページ（日本版）
(http://www.yahoo.co.jp/、http://www.google.co.jp/より転載)

② Google（グーグル）

1998年に、スタンフォード大学の**ラリー・ペイジ**と**セルゲイ・ブリン**が始めた検索サービスです（図4-29右）。

当時の検索方法は、単語を抽出し索引づけした結果を表示していました。しかし、用語の使用頻度を表示の優先順位とすると、満足した検索結果が得られないため、「他のウェブページからのリンク数の多さを指標とする」検索方法を開発しました。これがユーザから支持され、Googleは検索市場でナンバー1のシェアを獲得しました。

その後も、地図情報サービスのGoogle Maps、Google Earth、大容量無料メールサービスのGmail、パソコン内データ管理用のGoogle Desktop、動画共有サイトのYouTubeなど、さまざまなサービスを提供し、ポータルサイトとして確固たる地位を築きました。

（2）インターネットの進化と応用技術

① Web2.0

2005年9月に米国**オライリー・メディア社**の**ティム・オライリー**が発表した論文「What is Web2.0（Web2.0とは何か？）」の中で、第2世代のインターネットを象徴する言葉として紹介されました。**Web2.0**は、厳密に定義されたインターネット技術を指すのではなく、**第2世代**の新しいインターネット環境を総称する用語としています。

表4-2　Web1.0からWeb2.0への変化

Web1.0	Web2.0
DoubleClick	Google AdSense
Ofoto	flickr
Akamai	BitTorrent
mp3.com	Napster
Britannica Online	Wikipedia
個人ウェブサイト	ブログ
evite	upcoming.org、EVDB
ドメイン名への投機	検索エンジンへの最適化（SEO）
ページビュー	クリック単価
スクリーン・スクレイピング	ウェブサービス
パブリッシング	参加
コンテンツ管理システム	wikis
ディレクトリ （分類学：タクソノミー）	タグ付け （人々による分類：フォークソノミー）
スティッキネス （個々のサイトに対する顧客の忠誠度）	シンジケーション （サイトの垣根を越えた連携）

たとえば、ウェブページによる情報発信に代表される従来のWWW環境（**Web1.0**)では、一般のユーザは、自ら制作したコンテンツを発信するか、または他人のコンテンツを閲覧するかのどちらか一方に限られていました。**Web2.0**になると、ユーザが自由に参加して見知らぬ者同士が共同でコンテンツを作り上げるという**ブログ**や**SNS**（次項②参照）が誕生し

ました。**オライリー**は、Web1.0 から Web2.0 への変化を表 4-2 のように示しています。

② **ブログ（blog）とマイクロブログ**

ブログとは、時系列的に更新される日記や特定のテーマについての個人やグループのウェブサイト（もしくはウェブサイト上のコンテンツ）のことです。ブログは、**ウェブ**と**ログ**を一語にした造語です。

ブログ上の日記は、その内容が一般に公開され、ほかのユーザやサイトからリンクされたり論評されたりするのが特徴です。また、個人の情報発信だけでなく、企業の広報宣伝にも利用されています。

現在では、ブログとチャットの中間で、より即時性を重視した**マイクロブログ**とよばれるサービスも誕生しています。その代表である**ツイッター（twitter）**[22]は、140 文字以内の文章でつぶやく（tweet）ようにネット上に発信することで、よく使われています。

③ **SNS（Social Networking Service）**

人と人とのつながりという社会的ネットワークをネット上で提供することを目的としたインターネットサービスです。

SNS には、自分の写真やプロフィールの公開機能[23]、別の加入者にメッセージを送る機能、友人のみに公開範囲を制限する機能、趣味や地域などテーマを決めて掲示板などで交流できるコミュニティ機能、アドレス帳、カレンダーなどの豊富な機能があります。

代表的な SNS には、現在、世界最大の会員数をほこる**フェイスブック**[24]**（Facebook）**があります。日本では最大の会員数の**ミクシー**[25]（mixi、図 4-30）がありますが、現在は利用者数でフェイスブックに抜かれています。

---

[22] ツイッターのユーザ数は世界で約 1 億（2012 年）とされています。（総務省調査）
[23] 日本の SNS の多くが招待制（新規加入は既存加入者からの招待が必要）のため、必要最低限の信頼性が確保されることから、実名で情報発信する人も多く存在します。
[24] FaceBook のユーザ数は世界で約 9 億（2012 年）とされています。（総務省調査）
[25] 日本の SNS 利用者の 88.5%が mixi を利用しています（インターネット白書 2009 より。また、2010 年 12 月の月間利用者数は、1021 万人でした（ニールセン調査より）。

図 4-30　mixi のログインページ（日本版）
(http://mixi.jp/ より転載)

④ 動画共有サービス

自主制作、あるいは録画したビデオ映像のファイルを自由にアップロードして、だれでも無料で公開したり、閲覧したりでき、投稿されたコンテンツに対して評価をつけたり、感想をコメントしたりすることも可能なサービスのことです。

図 4-31　YouTube のトップページ（日本版）
(http://jp.youtube.com/ より転載)

おもな動画共有サイト（動画投稿サイトともいいます）には、米国の YouTube（Google 提供、図 4-31）や日本の Gyao!（Yahoo!動画）、**ニコニコ動画**などがあります。

YouTube は手軽に動画を楽しめることがうけて世界的に人気が高まり、個人だけでなく企業や政府にまで利用が広がっています。しかし、テレビ放送の一部を録画した映像では、**著作権**をめぐるトラブルが発生するといった問題も生じています。

⑤ Wiki（**ウィキ**）

一般利用者がブラウザから簡単にウェブページの発行・編集などをできるウェブコンテンツの管理システムです。

Wiki はハワイ語で「速い」を意味する wiki wiki が語源で、ウェブサイトの作成・更新が迅速なことをあらわしています。通常、ネットワーク上から誰でも文書の作成や書き換えができるため、多人数でのサイト運営・文書編集が容易です。

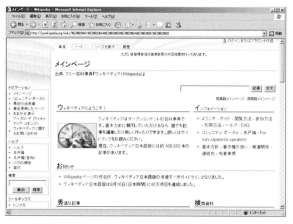

図 4-32　Wikipedia のトップページ（日本語版）
(http://ja.wikipedia.org/より転載)

・Wikipedia（**ウィキペディア**）：インターネット上のフリー百科事典で Wiki の応用例です（図 4-32）。

閲覧者が自由に執筆・編集できるユーザ参加型の百科事典です。記事を加えたり、掲載記事に詳細説明を追加したり、誤りを訂正したりす

る編集が可能です。Wikipedia は、英語、日本語以外にも世界中の言語で展開されています[26]。

(3) ASPとクラウドコンピューティング

インターネットは、企業における伝統的な業務処理の方法も大きく変える影響を与えています。ここでは最近注目を集めている **ASP** や**クラウドコンピューティング**、そして SaaS などを取り上げます。

① ASP (Application Service Provider)

業務で使われる**アプリケーション**をインターネット経由でサービスする事業者あるいはサービスのことです。

ASP を利用すれば、企業でアプリケーションを開発したり、外部から購入したりしなくても、比較的低価格でサービスが利用できます。インターネットにつながる**パソコン**と**ブラウザ**があれば、ASP 事業者が動作処理環境などを提供するので、簡単に業務処理ができるようになります。ASP は、発展途上のサービスのため、カバーされている業務の種類が少ないですが、汎用性があれば、新しいアプリケーションでも開発しサポートされます。ただし、ある程度の共通性が確保されないとビジネスとして苦しいため、自社に合わせて細かなカスタマイズ(修正)することは難しいのが現実です。セキュリティ面は各社重視しているので、自社に合う ASP があり、インターネット経由の処理でも問題がなければ活用する利点があります。

② クラウドコンピューティング

インターネットを雲、すなわち**クラウド**にたとえて、インターネット経由で提供される**コンピュータ処理(コンピューティング)サービス**(図 4-33)のことです。

ASP とほとんど同義語で、提供業者により ASP といったり、クラウドコンピューティングといったりしているのが現状です。

Google 社やマイクロソフト社などもクラウドコンピューティングを提供しています。クラウドコンピューティングは、サービス内容により各種類(下記)にわけられます。

---

[26] 執筆されている言語は英語・日本語をはじめ、280 種類にのぼります。英語では約 350 万件、日本語では 74 万件弱の項目が掲載されています(2011 年 3 月現在)。

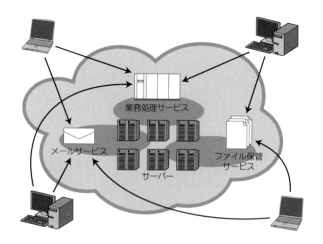

図4-33 クラウドコンピューティング

a．SaaS（サースと発音：Software as a Service）

インターネット経由の**ソフトウェアパッケージ**の利用提供サービスです。

現在、米国の Salesforce.com 社が最大の市場シェアをもっています。当初、営業業務のサポートサービスからはじめ、マーケティングを中心に各種サービスが提供されています。ASPに比べ、より小規模から利用でき、パッケージの機能が明確にされていて、業界標準として量の拡大が望めるため、利用価格が安いのが特徴です。

b．SaaS以外の各種サービス

- PaaS（パース：Platform as a Service）：インターネット経由の業務アプリケーション実行用の**プラットフォーム**（仮想化されたサーバやデータベースなど）の提供サービスです。
- IaaS（イアースまたはアイアース：Infrastructure as a Service）：インターネット経由で**インフラ**としてのネットワーク回線や各種基盤を提供するサービスです。
- HaaS（ハース：Hardware as a Service）：インターネット経由でCPUパワーなどの**ハードウェア**を提供するサービスです。

上記以外にも XaaS という用語は多数、造語されています。しかし、最初の SaaS が基本的概念です。

③ **プライベートクラウド**

社内（組織内）に構築した**クラウドコンピューティング**のことです。それに対して、インターネット経由のクラウドコンピューティングは**パブリッククラウド**といいます。

組織内に構築する場合は、セキュリティ面の安全の確保が自社の望む範囲でできる利点があげられます。プライベートクラウドを構築するサービスを提供する業者もあるので、それを利用することが一般的です。しかし、運用は自社の責任となるので、パブリッククラウドの利用より、システム運用の専門的知識が確実に必要になることが課題とされます。また、組織内にクラウドシステムを構築するため、ASP やクラウドサービスとくらべて、**多額の費用**がかかることも課題となります。

(4) IOT（Internet of Things）

1999 年に英国の技術者**ケビン・アシュトン**が提唱した「**モノ**がインターネットに**相互接続**された世界」をあらわした用語です。これにより、これまでのコンピュータ中心ではなく、なにをインターネットにつなげるかにより、インターネット活用への新たな発想を広げることができます。

たとえば、多くの**自動車**に雨量を計測するセンサーを付け、インターネットにつなげば、全国の道路の**雨や渋滞の状況**を即時に運転者に伝えるシステムが構築できます。また、家庭の**電力計**に付けたセンサーをインターネットにつなげば、電力消費量の詳細分布が即時にわかり、配送電力の制御をより細かくおこなえるため、**太陽光発電**の電力変動問題への対処が可能となるとともに、電力消費に応じたダイナミックな**電力料金**の設定もできるようになります。そして、**各種機械**にセンサーを付けてインターネットにつなげば、機械が故障する前に**事前保守**ができ、機械の寿命や稼働率を向上できます。2020 年頃には 1 千億個のモノとモノとが相互接続した世界が実現すると予想されています[27]。

---

[27] IEEE（米国電気電子技術者協会）の予測による。

演習問題

1. 電話回線（アナログ回線）を利用して、上り下りの速度が異なる高速データ伝送ができる回線サービスの名称を答えてください。
2. ネットワークの交換方式のうち、メッセージを一定の大きさに分割して送信し、複数の利用者が同時に通信回線を利用できる交換方式の名称を答えてください。
3. LAN のアクセス制御方式のうち、複数のコンピュータが同時に送信をおこない、送信の衝突が起きる可能性のある方式の名称を答えてください。
4. イーサネットは、いくつかの理由で LAN のデファクトスタンダードになったといわれています。どのような理由が考えられるか答えてください。
5. 無線 LAN の構成要素とはなんですか。その名称を答えてください。
6. コンピュータや通信機器が通信をおこなう際に、お互いに守るべき規約を取り決めたものをなんとよぶか答えてください。
7. クライアントサーバシステムが 2 層式から 3 層式に発展した理由について答えてください。
8. コンピュータネットワークなどで、お互いに守るべき規約の集合体を機能群ごとにわけて階層化したものの名称を答えてください。
9. TCP/IP のトランスポート層で、高速転送を可能とするためにデータのエラー制御をおこなわないプロトコルの名称を答えてください。
10. 1990 年代初頭に起きたインターネットの世界的普及の契機となった出来事を 2 つ答えてください。
11. 公開されている URL などに自由に移動できる WWW の要素技術に含まれる機能の名称を答えてください。
12. インターネット技術を利用して構築した企業内ネットワークの名称を答えてください。
13. インターネット経由で提供されるコンピューティングサービスの名称を答えてください。

5. 情報システムの開発と活用

■■ 本章の概要 ■■

　私たちの生活は情報技術とその応用である情報システムの恩恵なしでは成り立たないほど、情報システムは日々の生活に浸透しています。ビジネスの世界でも規模の大小にかかわらず、情報システムの利用が必要不可欠となっています。しかし、情報システムは使い方を間違えると、電子の速度で混乱を招くこともあるのです。

　本章では、情報システムをどのように開発するのか、そしてビジネスの分野でどのように活用したらよいのかについて取り上げます。情報システムの開発では、システム開発のモデルを説明します。情報システムの活用では、情報システムの変遷について説明したうえで、ビジネスを支援する各種情報システムの特徴について取り上げます。最後にインターネット利用のビジネスである電子商取引について取り上げます。

学習目標
- 情報システムの開発モデルの種類と特徴について説明できる
- 情報システムの変遷について説明できる
- 業務システムの種類と特徴について説明できる
- 統合業務システム（ERP）の特徴について説明できる
- 顧客サービスシステムの特徴について説明できる
- ネットワークシステムの種類について説明できる
- 電子商取引の種類と特徴について説明できる
- 電子商取引を利活用する際の基本的な留意点を説明できる

5.1 情報システムの開発

5.1.1 情報システムとシステム開発

(1) システム開発における情報システム

① 情報システムの再定義

情報システムとは、前記(2.1.1項(2)情報システムとは)によれば、情報を主要な要素とするシステムでした。さらに具体的に定義すると、組織体（または社会）の活動に必要な情報の収集・処理・伝達・利用にかかわるしくみのことです。そして、広義には**人的機構**と**機械的機構**とからなり、狭義にはコンピュータを中心とした**機械的機構**が重視されたもの、とされています[1]。上記のような情報システムを開発することを**システム開発**とすると、対象となる情報システムが狭義なのか広義なのかを明確にしなくてはなりません。あるいはその中間の場合もあります。

② システム開発対象の明確化

本章で対象とする組織は、おもに企業のため、業務のなにをシステム開発したいのかを明確にしないと始まりません。たとえば、商品の**受注業務システム**の開発を対象とした場合、受注業務のどの部分をシステム開発するのかを明確にしなければなりません。受注業務の一部としても、その範囲を明確にするには、該当業務の事業での位置づけからとらえないといけません。

たとえば、顧客からの注文受付だけの業務支援システムとしても、注文を受けて、**在庫管理システム**を使って在庫の状況を把握したり、在庫がなければ、業者に発注しないといけません。また、**配送業務システム**を使って、いつ頃顧客に届けられるかを明確にしないといけないかもしれません。このように対象のシステムはどのような作業の集まりであって、他のシステムとどのようなかかわりをもつのかを明確にしなくてはなりません。そこには複数の人間がかかわる**各種の作業**が当然含まれてきます。それらは、コンピュータ処理以外に、人々のその場その場での判

---

[1] 浦昭二『情報システム学へのいざない』培風館,1998 より引用

断が必要なものかもしれません。このように考えるとシステム開発は一筋縄ではいかないことがわかります。また、システム開発の担当者と、それを依頼したユーザとの間の**コミュニケーション**の問題も考慮しなければなりません。

さて図5-1に示すように、企業内部で考えると、**事業**が最上位になります。もちろん事業は他社との関係も含みますから**社会システム**としてとらえることも必要です。つぎに、事業の中に各**業務**があります。各業務の中に人による活動と**狭義の情報システム**が含まれます。狭義の情報システムの中に**ハードウェア**と**ソフトウェア**および**その他設備**（ネットワークなど）が含まれます。

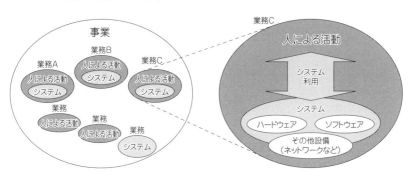

図5-1　事業、業務とシステムとの関係
（情報処理推進機構編『SEC BOOKS 共通フレーム2007』より）

（2）システム開発とソフトウェア開発の違い

図5-2はシステム開発とテストとの関係をV字型であらわしたものです。この図からわかるようにシステム開発では、すぐにソフトウェアを開発するというわけにはいきません。**システム開発**の中の一部が**ソフトウェア開発**（図中では**ソフトウェア設計**）にあたるからです。場合によっては、ソフトウェア開発以前の開発作業の方が、より多くの時間を費やすかもしれません。このようにシステム開発とソフトウェア開発では**守備範囲**が異なります。

ですから、ソフトウェア開発を担当する技術者は、ソフトウェアエンジニアが、そしてソフトウェア開発にいたるまでのシステム開発の部分を担当する技術者は、ITコンサルタントやITアーキテクトが担当するというように異

なることもあります。なぜならば、ソフトウェア開発の対象はおもに**コンピュータ**ですが、システム開発の対象は、人による**ビジネス**（事業や業務）の支援であり、そこで働いている**人たち**だからです。

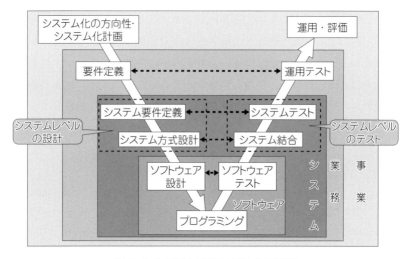

図5-2 システム開発とテストとの関係

(情報処理推進機構編『SEC BOOKS 共通フレーム 2007』よりタイトル変更)

(3) システム開発の概略手順

ここまで述べてきたシステム開発は、開発対象となる情報システムにより、大きくも小さくもなります。図5-2のように、**事業レベル**からの開発や、**企業組織間**のシステム開発の場合もあります。また、一度開発したシステムの**再開発**であれば、狭義の情報システムからの開発や、ソフトウェア開発のみの場合もあります。本節の**システム開発**では、個別の**業務を支援する**システムの開発とその概略手順を扱います。

システム開発の手順を図5-3に示します。この図は、図5-2の一部を詳細にしたもので、**設計段階**と**テスト段階**の関係をあらわしています。システム開発では、まず**システム構想**をまとめます。そのために、企業活動における関連業務とシステムの守備範囲などを明確にします。関連する業務の利害関係者間で、対象となるシステムがおかれる状況の**共通認識**をはかり、どのよ

うに問題解決をしていけばよいかの**合意形成**が必要になります。システム開発にかける投資（人、モノ、金）とその効果も考慮します。このような作業は「言うが易くおこない難し」というもので、一般には**ITコンサルタント**などが先導して、経営側担当者と関係者の参加のもとでおこなわれます。システム構想にもとづき、**システム構想書**が作成されます。その後は**システム要件定義、システム方式設計**とすすめていきます。

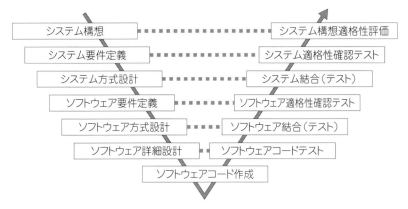

図5-3 システム開発におけるV字形プロセス（JISX0160:2007）に加筆

それ以降は**ソフトウェア開発**の段階になります。**ソフトウェア要件定義、ソフトウェア方式設計**とすすめていきます。最終的に**ソフトウェアのコード**からなる**プログラム**をつくればそれでよいのではなく、開発しているソフトウェアを包含するシステムとしてみたとき、**業務活動の問題解決**になっているのかをいつも考慮することが重要です。

図5-3のV字形の右側にある**ソフトウェアコードテスト**（ソストウェアの単体テスト）では**ソフトウェア詳細設計**で作成したテスト内容に基づきテストをおこないます。同様にして下から上に向かってテストを進めていきます。最終の**システム構想適格性評価**（テスト）まで終われば、システム開発が終わり、その後は**運用段階**に進みます。

5.1.2 システム開発のモデル

システム開発では各種の**開発モデル**が採用されます。ここではそのうち主

要な3つのモデルについて取り上げます。

(1) ウォータフォールモデル

① ウォータフォールモデルの特徴

図5-4に示すように、システム構想から始まり、最後の運用・保守まで**段階的**にシステム開発を進めていく開発のモデルです。

この図の中の用語は図5-3で示されている用語と違いがあります。それはそれぞれのモデルの特色でもあり、考え方の違いでもあります[2]。**ウォータフォールモデル**では、各段階で作成される**ドキュメント**（システム構想書など）について、開発技術者側と開発注文をだしたユーザ側との間で**承認**をとりながら進めていきます。滝の水が上から下に落ちるように段階的に開発を進めていき、**後戻りしない**ことが条件です。

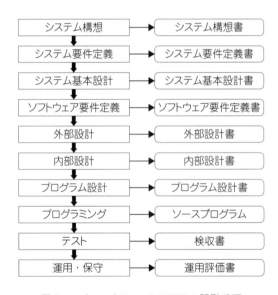

図5-4 ウォータフォールモデルの開発手順

② 各段階の内容

a．システム構想

開発するシステムの対象となる業務についてそれを包含する事業での

---

[2] 各段階の名称は、システム開発を担当する企業によっても異なります。

位置づけやその環境、および現状の問題をユーザの協力のもとに調査・分析したのち、システムの範囲を明確にし、開発するシステムの全体構想をまとめます。この段階の最後に**システム構想書**が作成されユーザが承認します。

b．システム要件定義

システム構想書をもとにして、開発対象のシステムに対する要件を明確にしていきます。ユーザからの要望を一方的に聞くのではなく、ユーザと開発担当とが協働して、対象となるシステムが備えなければならない要件を定義していきます。システム要件は最初からすべてが決まるのではなく、**システム開発を進めていく段階**でより明確になり、決まっていく部分もあります。そのため、システムとしてできるだけ「**柔軟な構造**」をもつような要件も含めておくことが大切です。この段階の最後に**システム要件定義書**が作成され、ユーザが承認します。

c．システム基本設計

システム要件定義書に盛り込まれた要件を実現可能なシステム要件として洗い直します。そのうえで、システムの手作業の部分とコンピュータシステムで支援する部分の機能を抽出して、概略のシステム構成とシステム機能をまとめます。この段階の最後に**システム基本設計書**が作成され、ユーザが承認します。

d．ソフトウェア要件定義

システム基本設計書をもとにして、ユーザの要求や事業内容からソフトウェアで実現すべき**機能要件**を明確にします。機能内容は抽象的になりやすいので、できるだけ**可視化**するために図を多用し、ユーザとの共通認識を深めることが重要です。この段階の最後に**ソフトウェア要件定義書**が作成され、ユーザが承認します。

e．外部設計（概要設計、基本設計）

ソフトウェア要件定義書をもとにして、開発するソフトウェアの外側とのインタフェースや入力・出力などを中心にその概要を決めていきます。具体的には、画面や帳票の出力、ユーザとインタフェースする機能の設計、ハードウェアの構成やプログラミング言語の決定など、

全体の機能の大まかな設計をおこないます。この段階の最後に**外部設計書**（または**概要設計書**）が作成され、ユーザが承認します。

f．**内部設計（詳細設計）**

外部設計書をもとにして、ソフトウェア内部の設計をおこないます。具体的にはソフトウェアをいくつかの機能ごとに分割し、分割したソフトウェア間のインタフェースや処理の流れなどを明確にしていきます。また必要となるデータとの関係やデータそのものの設計などもおこないます。この段階の最後に**内部設計書**（または**詳細設計書**）が作成され、ユーザが承認します。ただし、内部設計の段階になると、ユーザが理解するのはより困難になります。そのため、よくわからない状態の承認もあり、これが開発の**失敗の原因**となることがあります。

g．**プログラム設計**

内部設計書をもとにして、機能単位の**モジュール**に分割し、モジュール単位でプログラムの処理内容や他のモジュールのプログラムとのインタフェースの詳細を設計します。この段階では処理の流れを**流れ図**などの形でできるだけ可視化します。この段階の最後に**プログラム設計書**が作成されユーザが承認します。しかし、設計内容の分量は多く、かつプログラムの知識をある程度もっていないと、流れ図だけでは明確な承認は難しくなります。このことが開発の**失敗の原因**となることがあります。

h．**プログラミング**

プログラム設計書をもとにして、モジュール内の詳細な処理の流れを決定し、プログラミング言語を使用して**ソースプログラム**を作成します。プログラミング言語により異なりますが、作成したソースプログラムをコンピュータが動作可能な命令語まで変換して、問題がなくなるまで修正します。この段階の最後に**ソースプログラム**がドキュメントとして残されます。しかし、ユーザはその中身を検証することは難しいので、作業の経緯や完成したソースプログラムの種類や個数がプログラム設計書どおりかどうかの検証になります。

i．テスト

テスト設計書（前記の各設計段階で作成）をもとにテストをおこないます。図 5-3 の右側と異なりウォータフォールモデルでは一般に、1つのブロック（**テスト**）で示されます。

前段階のプログラミング（前記 h）で、ソフトウェアの言語上の問題はクリアしていますが、ユーザの要求を確実に反映できているかどうかを論理的にテストします。テストは**単体テスト**から、**結合テスト**、**総合テスト**、それ以降のテストへとすすめます。テストは本番前の「**最後のとりで**」のため、あらゆる視点からのきびしいテストが必要です。システムエンジニアやプログラマも専門的視点からテストに参加しますが、最終的には、使うユーザによる徹底したテストが必須です。テスト段階では発生しなかった問題が**運用段階**で発生することがよくあります。そのため、従来の情報システムがある場合は、それと並行運転し問題がないことを検証後、開発した情報システムに切り替える**移行段階**が設けられます。テスト段階の最後に**検収書**が作成され、ユーザが承認して本番へと移行します。

j．運用・保守

本番が開始された以降の段階になります。システム開発の厳密な工程では運用・保守は入りませんが、運用・保守段階になってシステムの**致命的な問題**がみつかったり、特殊なハードウェアや特殊なデータとの**整合性の問題**が発生したりすることがあるため、この段階も注意が必要です。運用・保守段階で問題がみつかった場合は、本番の業務への影響が大きくならないように迅速な対応が求められます。

③ ウォータフォールモデルの開発の問題点

ウォータフォールモデルの開発では、各段階でユーザがよく理解したうえでの承認ではない場合もあるため、それが**開発の失敗**につながる危険性があります。たとえ承認が完璧に近い場合でも、長期にわたる大規模なシステム開発では、開発中に情報システムが支援するビジネスの環境が変わったり、ユーザの要求が変わったりすることがよくあります。そのような場合には開発側と発注側とで協議のうえ後戻りすることもあ

りますが、下流段階になるほど**後戻りは困難**になります。なぜならば、前段階の内容を大きく変える必要がありえるからです。

ソフトウェアは目にみえないので、テストが始まってから要求に合わない点が発覚する場合がよくみられます。ソフトウェア開発は**不確実性**が高いため、大規模なソフトウェア開発の場合、できるだけいくつかの開発に分け、**期間をずらして開発**していくようなアプローチがよくとられます。このようにひとつの規模をできるだけ小さくすることで失敗のリスクを軽減できるからです。

また、テスト段階までいかない前に、できるだけ**画面イメージ**などを確認して不確実性を軽減する方法もとられています。つぎに説明するプロトタイピングモデルはそのような改善を目指した開発のモデルです。

（2）プロトタイピングモデル

図5-5に示すように設計段階の早いときから**試作品（プロトタイプ）**をつくり、それをユーザ側にみてもらいながら間違いのない開発を進めていく方法のモデルです。

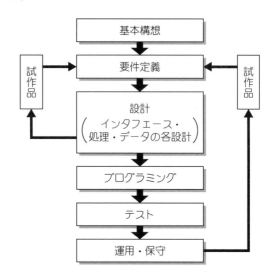

図5-5　プロトタイピングモデルの開発手順

この図では、図5-4に明記した各段階で作成するドキュメント類は省略し

ています。また、システム開発部分も省略し、**基本構想**に代表させています。

　試作品として、画面イメージや出力プリントのイメージなどを先に作り、それをみながらユーザ側と共通認識を深め、**要件定義**を確実にしていきます。そのため、ウォータフォールモデルにありがちな無理な後戻りによる大幅な工期遅れや費用の増大を極力防ぐことが可能になります。

　また、ウォータフォールモデルのような大規模な開発より、**中規模以下**の開発に向き、小規模な開発の設計段階は外部設計・内部設計・プログラム設計というような**明確な段階をもちません**。設計段階では、インタフェース設計、処理の流れの設計、データの各設計をしながら**試作品**をつくります。

　このモデルはユーザ側に試作品をみてもらうため、ユーザ側のアイデアが湧きやすく、開発側との**共通認識**がとりやすいのが利点です。その反面、つぎつぎとアイデアが湧いて、収集がつかなくなる問題もはらんでいます。そのため、開発側は経験豊富な技術者が担当し、ユーザ側を適切にリードしていくことが求められます。

（3）スパイラルモデル

　ウォータフォールモデルの**トップダウン**による設計とプロトタイピングモデルの**ボトムアップ**による設計を合わせもつ開発のモデルです。

　スパイラルモデルでは開発全体をいくつかの**サブシステム**にわけ、サブシステム単位で**プロトタイピングモデル**による開発をおこないます。そのため、比較的大規模な開発でもユーザの要求を明確にできるので、後戻りがほとんどなく全体のスケジュールや範囲の規模を予測しやすいという特徴をもっています。

　このモデルでは、サブシステムの切り出しが**整合性**をみたしていないと、あとで統合がむずかしくなります。また試作品による確認の段階で、ユーザの要求がどんどん出てきて先へ進まないというプロトタイピングモデルの問題もはらんでいます、しかし、これも経験豊富な技術者によりリードができれば大きな問題にはなりにくいといえます。

5.2 情報システムの活用

5.2.1 情報社会と情報システムの変遷

(1) 情報社会

現代は**情報社会**といわれていますが、情報社会という言葉ができる前の 1960 年代後半に**情報化社会**という言葉があらわれました。その当時はコンピュータシステムがビジネスに大いに浸透してきた段階で、それまでのビジネスのやり方が大きく変革を受けた時代でした。情報化社会という言葉もそれを反映したものです。その後、情報化社会が進展した**高度情報化社会**、あるいは**情報社会**とよばれるようになりました。

ところで情報化社会とよばれる以前には、**工業社会**とよばれていました。この工業社会では、生産者と消費者との間が明確に区わけされていました。それに対し、現在の情報社会では生産者と消費者との区わけがあいまいになっています。それは、消費者も同時に生産者の一部の機能を果たすことなどにより、生産者としても位置づけられるからです。この関係を図 5-6 に示します。

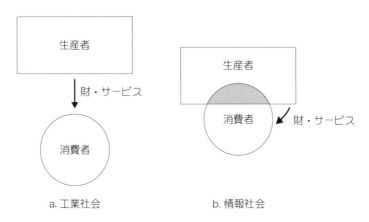

図 5-6 工業社会と情報社会における生産者と消費者

情報社会では、生産者と消費者が**あいまいなこと**が利点と欠点を生みだしています。たとえば、インターネットの利用環境では、われわれは消費者で

ありながら簡単に生産者になることもできます。インターネットのコミュニティでは、消費者でありながら、製品開発や製品の利用分野に関して生産者と同様なかかわりをもつことも容易になります。またインターネットを活用すれば、顧客からの個別注文に対応するような注文生産が可能になります。売り手も買い手である消費者と密接にむすびついて、従来に増して**協同したビジネス**がおこなわれる時代になったといえます。さらに情報社会は、ビジネスを始める際のコストを大幅に引き下げることに貢献し、消費者の立場でインターネット上のビジネスを簡単に始めることもできます。たとえば 5.3 節で扱う**電子商取引**もその一例です。

情報社会には、このような利点がある反面、容易にビジネスがおこなえるため、ビジネス上の**リスク**（予期せぬことが起こる可能性）に関しての配慮不足も多くみられます。特に情報システムに関する**セキュリティ**については、これまで以上に慎重になる必要があります。情報システムのセキュリティについては 6 章（セキュリティと情報倫理）で扱います。

（2）情報システムの変遷

ここでは情報技術を活用した**代表的な情報システム**またはコンピュータシステムがどのような変遷をたどってきたのかについてみていきます。図5-7 に各種情報システムが登場した年代を示します。各種情報システムは、当初失敗したものも形を変えて、**現在まで継続**しています。

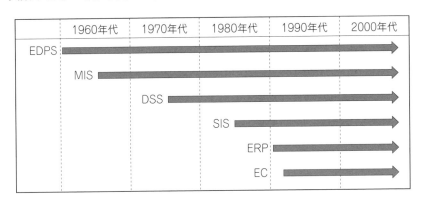

図 5-7　情報システムの変遷

① EDPS（電子データ処理システム）

情報技術という言葉が一般に使われだしたのは 1980 年代からでしたが、コンピュータ（電子計算機）が業務に使われだしたのは 1950 年代からで、本格的に使われたのは 1960 年代からといわれています。その頃は**データ処理**に中心がおかれ、情報技術ではなく**データ処理技術**といわれていました。当時のコンピュータシステムは EDPS（Electronic Data Processing System：**電子データ処理システム**）とよばれました。EDPS は、コンピュータによりデータ処理を高速におこなうことがおもな目的でした。実際に業務の**効率化**や**省力化**に役立ちましたので、コンピュータシステムは高価でしたが使えればたいへん便利なツールという認識でした。そこでは給与計算、会計計算および売上集計などがおこなわれていました。

② MIS（経営情報システム）

1960 年代なかばになるとコンピュータが普及し、多くの企業に導入されました。そのような状況で、**企業経営者**や**上級管理者**が必要とする情報を、必要なときに提供するという要求が生まれました。これを実現しようとしたのが MIS（Management Information System：**経営情報システム**）でした。しかし、当時のコンピュータ関連技術などでは、そのような要求を満足に達成することは困難なことがわかり、**MIS は失敗**に終わりました。失敗の最大の原因は、企業経営者や上級管理者に必要な情報を**短時間に提供する**ことができなかったことと、そもそも必要な情報はなんであるかを、開発側も経営者側も**明確に決められなかった**ためとされています。その後、MIS は徐々に経営に必要な情報システム（**新たな経営情報システム**）として成長してきています。

③ DSS（意思決定支援システム）

MIS が失敗に終わると、つぎに企業経営者や上級管理者がビジネス上の**意思決定**をする際にそれを支援するシステムとして、1970 年代なかば頃から DSS（Decision Support System：**意思決定支援システム**）が登場しました。MIS が幅広く企業経営者や上級管理者が必要とする情報を提供するというのに比べて、このシステムは、もっと適用範囲をしぼり、しかも**意思決定を支援する**という目的に限定したので、MIS のような失敗は

まぬがれました。しかし意思決定の質は、意思決定者の能力に依存することが多いことと、数々の意思決定状況があるため、当初の目的を満足するレベルまでもっていけないのが現実でした。

④ SIS（戦略的情報システム）

1980年代なかばになると、情報技術が大いに発展し、いろいろなことができるようになりました。それまでは企業の業務を自動化するなどの支援的利用がほとんどでしたが、**ビジネス戦略そのものを達成する**目的で構築されるシステムの事例がみられました。それは SIS[3]（Strategic Information System：**戦略的情報システム**）とよばれ、SISの活用で、ビジネス戦略上の**競争優位**が達成できるというものでした。しかし、SISは競争優位を達成できた事例を集めたというもので、一時的な競争優位を達成できても、持続的な競争優位に結びつかない場合が多いのが現実でした。しかし、現代でもSISのアイデアは生きています。

⑤ ERPシステム（統合業務システム）

1990年代はじめから、大企業において **ERP**（Enterprise Resource Planning：企業資源計画）**システム**とよばれる統合業務システムが使われています。**ERP**とは、**企業全体の経営資源**を有効かつ総合的に計画・管理し、経営の効率化を図るための手法・概念のことです。この概念を実現したシステムを**統合業務システム**といい、ソフトウェアパッケージ[4]の **ERPパッケージ**（略して ERP ともよばれます）で提供されることから **ERPシステム**ともよばれます。

ERPは、企業の**基幹業務**（ビジネスの中心となる業務）の数々を網羅する巨大なパッケージのため、その導入にはコンサルティングも必要になるなど、巨額の費用・時間・人材を必要とします。しかし、企業の基幹業務の日常管理から決算処理業務までをトータルにカバーするには、たいへんな労力を要するため、たとえ巨額の費用がかかってもシステムがすっきり統合されれば、基幹業務にとってたいへん有益です。また年

---

[3] SISはチャールズ・ワイズマンが名づけた用語です。
[4] ソフトウェアパッケージ（パッケージソフトウェア）とは、市販されている既製のソフトウェアのことです。

に 1、2 回の決算だけでなく、**月次決算**や**日時決算**も可能になるなど、経営管理上の多くの利点から ERP システムの導入が進められました。ERP システムは、5.2.2 項（(6)統合業務システム）でも取り上げます。

⑥ EC（電子商取引）

1990 年代はじめに、それまで研究用に使われていたインターネットがビジネスに使えるように許可されると、インターネットを使った新しいビジネスが各種生まれました。その中心は **EC**（Electronic Commerce：e コマースまたは**電子商取引**）で、インターネットを中心としたネットワークをビジネス取引全般に使用する形態のシステムのことです。

それまで、一般的なネットワークを使ったビジネスシステムとして EDI（Electronic Data Interchange：**電子データ交換**）はありましたが、決められた企業間で取引データをネットワーク経由で処理するという狭い範囲に限られていました。

インターネットを利用した EC は世界規模のビジネス基盤をたいへん安い費用で実現できるため、これまで地域や国に限定していたビジネスも、少しの負担で**世界規模のビジネス**まで拡大できるようになりました。また一般利用者も EC を利用すれば、世界中に展開する Web ページで**ネットショッピング**などが簡単にできるなど便利になりました。このように EC に代表されるインターネット利用のビジネスシステムは、経済学の基本を変えるとまでいえるほどの衝撃を与えました。電子商取引については、5.3 節（電子商取引）で詳しく取り上げます。

5.2.2 ビジネスと情報システム

われわれの身の回りでは、情報システムがいろいろな分野で活用されています。ここでは、**企業内部**で使われている情報システムを取り上げます。

（1）**購買・在庫管理システム**

原材料や部品を調達し、その対価を支払う**購買活動全般**を管理する情報システムです。

購買活動には、原材料や商品の見積もり、発注、納品、検収、支払いといった一連の業務の流れがあります。また購買した部品、原材料や製品などの

在庫を管理する**在庫管理業務**の流れもあります。購買・在庫管理システムの導入によって実現が期待できることには、つぎのようなものがあります。

- 適正購買の実現
- 発注の自動化
- 購買費用の削減
- 部品・原材料などの適正在庫の実現
- 在庫費用の削減

（2）生産管理システム

合理的な**生産計画**や**生産統制**を実現し、生産力の向上を図る情報システムです。

生産管理とは、生産活動を計画・組織し、統制する総合的な管理活動のことです。**生産管理システム**は、販売計画にもとづく資材調達の指示、生産目標の計画や指示、生産の実施管理などをおこないます。また、実施結果を分析・評価してつぎの生産計画に反映させます。同システムの導入によって実現が期待できることには、つぎのようなものがあります。

- 部品などの在庫の削減
- 資材・原材料の適正供給の実現
- 生産能力の有効活用
- 生産期間の短縮化
- 顧客への納期遅れの防止
- 管理費用の削減

（3）販売管理システム

販売活動全般の管理をおこない、迅速かつ適切な取引処理を実現する情報システムです。

販売管理システムでは、データベースにデータ（情報も）を蓄積し、商品、地域、季節、部門などさまざまな角度から情報を分析することで、**販売戦略**の決定に役立てることができます。同システムには、**販売活動**で発生した受注から売上、代金回収までの一連の業務の流れを一元管理することで取引を円滑に進める機能や、販売活動で得られた情報を社内の情報利用者にフィードバックする機能などがあります。同システムの導入によって実現が期待できることには、つぎのようなものがあります。

- 売上の自動計上
- 売掛金や未収金などの自動管理
- 入金仕訳データの自動作成や自動受け渡し
- 営業担当ごと、営業拠点ごとの売上管理
- 売上データの分析
- 競争力ある販売戦略の決定

・POS（Point of Sales）システム

コンビニエンスストアなどに代表される流通業において、販売管理システムの入力システムとして、**POSシステム**（図5-8）が使われています。POSシステムは、商品の販売情報（商品名、価格、売れた時間など）をリアルタイムに収集できます。POSシステム利用の販売管理システムは、POSシステムから集めたデータをコンピュータ処理して、**売れ筋商品**や売れ残り商品を把握し、迅速な受発注をすることができます。これにより**機会損失**や、**過剰在庫**が防止できます。また、複数店舗の販売動向を比較したり、天候と売り上げを重ね合わせて傾向をつかんだりするなど、他のデータと連携した分析・活用が容易になる利点があります。

図 5-8　POSシステム

（4）人事管理システム

人事活動全般の管理を迅速かつ適切におこなう情報システムです。

人事活動には、社員の採用や配置、異動、評価、給与計算、勤怠管理、教育、福利厚生、各種の人事データ管理といった活動があります。契約社員や派遣社員、アルバイト、パートなど、近年の雇用形態の多様化にともなって、人事や給与の管理は複雑化しているため、**人事管理システム**はそのような対応に役立ちます。同システムの導入によって実現が期待できることには、つぎのようなものがあります。

・人事情報の一元管理
・人事業務の効率化
・労務管理の効率化
・人材の有効活用
・従業員のキャリア管理

（5）会計管理システム

会計活動全般の管理を迅速かつ適切におこなう情報システムです。

会計管理システムは、これまでみてきた各業務管理システムで処理されたデータと連動することにより、企業全体の会計計算や決算処理を実現しています（図 5-9）。

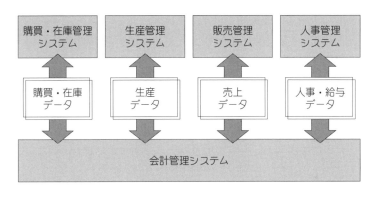

図 5-9　会計管理システムと業務管理システム

会計管理システムは、**財務会計システム**と**管理会計システム**から構成されます。財務会計が企業外部に対する**財務情報**などの提供を目的とするのに対し、管理会計は企業内部の**業績管理**や**業務管理**を目的とします。

① **財務会計システム**

経営活動の成果を記録、報告、分析し、その情報を企業の内・外部へ**決算結果**などとして報告するためのものです。財務管理システムは、一般会計システム、売掛管理システム、買掛管理システム、連結会計システムなどから構成されています。

② **管理会計システム**

原価計算・予算管理・損益分岐点分析など経営者や部門管理者が意思決

定をおこなうのに役立てる情報を提供するためのものです。管理会計システムによって、多角的な切り口から利用目的に応じた会計データの管理をおこなうことができ、経営者や部門管理者が**業務執行の実態**を的確に把握することが可能になります。

（6）統合業務システム（ERPシステム）

前記5.2.1項（(2)⑤）で述べたように、**企業資源計画（ERP）**の概念を実現したシステムです。図5-9に示した会計管理システムと業務システムをすべて包含したシステムがERPによる**統合業務システム**となります。

以下ではERPシステムの導入理由、問題点などをみていきます。

① ERPシステムの導入理由

これまで企業の基幹業務システムをカバーするには、何十種類（ときには何百種類）もの個別の**業務システム**が必要で、その管理もたいへん煩雑でした。数多くの業務システムのアウトプットをなんとかつなぎ合わせて[5]、企業全体の業績を明確にし、資本家や投資家への決算報告をするのは並大抵のことではありませんでした。決算時期になると、何日も徹夜覚悟で決算処理をおこなうケースがよくみられました。そのため、たとえ巨額の費用がかかってもシステムが**すっきり統合**されれば、たいへん効率的です。

② ERPの問題点

ERPシステムにも問題があります。標準的なビジネスのしくみや業務の流れに合わせてERPパッケージの**業務モデル**がつくられているため、特に**日本の製造業**に代表される分野などで問題が起きています[6]。

ERPパッケージを採用すると、パッケージがもつ標準的な業務モデルが適合する場合もありますが、そうでない場合もあるからです。もし適合しない場合は、**個別企業の強み**（またはコアコンピタンス）とされる業務ノウハウを活かした業務のやり方を、ERPシステムの標準的なモデルに合わせなければなりません。すると**競争力の源泉である強み**が失われ

---

[5] 数多くの情報システムがバラバラに使われ、それをなんとかつなぎ合わせて処理している状態のシステム全体を**スパゲッティシステム**とよびます。
[6] ERP導入時の問題点や留意点については、手島歩三・他『ERPとビジネス改革』を参考にしました。

かねません。そうした理由から、ERPパッケージの導入に成功した企業もあれば、導入を途中であきらめた企業もみられます。

③ ERP導入時の留意点

ERPシステムのように基幹業務全体のシステムを交換するようなケースでは、自社のビジネスモデルや業務の流れをよくよく吟味し、それに合った**ERPパッケージ**を導入したり、自社に**合った部分にのみ**一部導入したりすることが非常に大切なことです。「高価だからよい」わけではないことを十分考慮して、慎重な導入が必要です。

④ ERPの最近の動向

21世紀に入り、ERPの状況も大きく変わりました。4.4.4項((3)ASPとクラウドコンピューティング)に登場したASP方式の**クラウドERP**のサービスは、中小企業にも手が届く範囲となっています。利用者数を限れば、1人あたり月額数万円でERPが利用できます。まずは利用しやすい部門から導入していくこともできます。残っている問題は、基幹業務の性格上、セキュリティをどのように確保すればよいかという点です。

5.2.3 情報ネットワークシステム

ネットワークを基盤とする情報システムのことです。**情報ネットワークシステム**は、現代の企業のビジネス基盤として、なくてはならないものです。

(1) 企業の情報ネットワークシステム

企業内で使われるLAN、LANとLANとの間を接続するWAN（広域回線）や、インターネットと接続する回線などの**ネットワーク**で構成された情報ネットワークシステムは、できるだけ企業全体をカバーしていることが求められます。それにより全社的に、ハードウェア資源が共有できたり、データベースを一元管理し、**データ共有**ができたりします。また、コンピュータ間のファイル伝送などを利用すれば、宅配輸送のような物理的方法に比べ、空間的・時間的距離を短縮できます。

ネットワークシステム上に、各種業務で使用する**応用ソフトウェア**やそれらが利用する**データベース**などを配置すれば、企業の各種業務の効率を大きく向上することができます。

（2）企業ポータルシステム

社内で共通に使う各種情報の窓口的機能を果たすネットワークシステムのことです。

企業ポータルシステムは、**イントラネット**（4.4.3項(2)①）上に構築されます。このシステムでは、企業組織内に散らばっているさまざまなデータや情報を効率的に探したり、利用したりできるような各種機能が実現されます。そのため、社員はパソコンの画面上から、これらの情報やアプリケーションを容易に使うことができ、業務効率の向上に役立っています。

（3）金融機関の ATM システム

金融機関、貸金業者などが、**ATM**（Automated Teller Machine system：現金自動預け払い機）を窓口機（図 5-10）として利用することで、顧客に**各種窓口サービス**を提供するシステムのことです。

ATM と連携したオンラインシステムでは以下のようなサービスが提供されます。

- ・現金の引き出しと預け入れ
- ・振込・振替の処理
- ・預貯金の残高や取引明細などの照会
- ・通帳の記帳処理

図 5-10 ATM

（4）JR 旅客販売総合システム（マルス：MARS）

JR グループの座席指定券などの発売窓口である「みどりの窓口」を支える巨大なオンラインシステムのことです。

マルスは、日本初の本格的なオンラインリアルタイムシステムの MARS 101[7]として、1964 年に登場しました。マルスは、JR の列車や一部の JR 高速バスの**座席指定券**の発券などをおこなっています。座席指定の状況を中央のシステムで一括管理し、駅員や旅行会社社員の端末操作により、列車や座席

---

[7] MARS101 の MARS は、Multi Access seat Reservation System の略で、前身として MARS 1 が 1959 年に設置され、限定的に実用化されました。MARS 1 は、実証機としての位置づけでした。

を指定して、切符の発券をおこないます。

また、利用客が自らの操作で指定席券の発券や座席の指定ができる機能を持った**指定席券売機**（図 5-11）も導入されています。「みどりの窓口」やおもな旅行会社の窓口に設置された約 8,000 台の端末装置により、座席指定券からホテル、レンタカーなどの各種切符の販売にいたるまで幅広いサービスが提供されています。また、企業や一般家庭のパソコンから、特急列車の座席予約や空席照会をすることもできます。

図 5-11 指定席券売機

（5）図書館オンライン蔵書検索システム

図書館の**オンライン蔵書検索システム**は、OPAC（Online Public Access Catalog）とよばれます。従来の蔵書検索は、カードと冊子目録をもちいましたが、OPAC では書誌情報・所在情報・在庫情報の蓄積および検索機能を電子化し、ネットワーク上に公開したことにより、ネットワークからの利用が可能です。

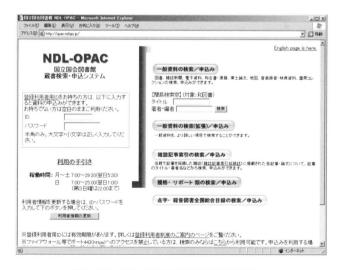

図 5-12 NDL-OPAC の書籍検索の画面

OPACによって、簡単な操作で膨大な数の蔵書の中から瞬時に目的の書物を探し出せるようになりました。OPACはほとんどの公共図書館、大学図書館で導入されており、また、多くの図書館が**インターネット上**で自館の蔵書目録を公開しています。代表的なOPACには、**NDL-OPAC**（国立国会図書館 蔵書検索・申込システム http://opac.ndl.go.jp/）があります（図5-12）。

（6）地理情報システム（GIS：Geographic Information System）

　地理的位置を手がかりに、位置に関する情報をもったデータを総合的に管理・加工し、視覚的に表示し、**高度な分析や迅速な判断**を可能にするシステムのことで、**GIS**とよばれます。

　紙の地図では、河川・道路・主要建造物は図式化されて書き込まれるだけで、それらの位置が変わる度に書き直さなければならずたいへん不便でした。GISでは、地図情報が**ディジタル化**されるため、一度つくればあとは変化した部分だけデータを修正することで対応できます。また地図上の河川・道路や建造物を検索することもできます。そのような機能を活用して、電気・上下水道・ガスなど、インフラ施設の管理や都市計画、大規模土地開発などの分野で活用されています。また、**マーケティング**の分野でも、店舗出店の際に地域の人口分布や競合店の状況などを分析するのに役立っています。

　・カーナビ

　　GISの身近な利用例で、**GPS**（Global Positioning System）を融合したナビゲーションシステムです。自動車の現在位置は、周回衛星から電波で送られるデータから割り出し、それをGISによるディジタル化した地図上に表示するシステムです。

　カーナビでは対応する道路が変更されていると困るのと同じに、GISでは道路などの変更をGISに反映させる作業をいかに効率的におこなうかがキーとなります。地図のディジタル情報の基本部分の作成は、国土地理院などの公共機関が担当し、それに各種の建造物や必要なデータを民間事業者が追加入力して提供するような方法がおこなわれています。GISは、地図が必要となるあらゆる分野に利用の道が開けています。

5．2．4　行政・自治体のネットワークシステム

（1）住民基本台帳ネットワークシステム（住基ネット）

自治体の住民サービス向けに構築された情報ネットワークシステムです。

住基ネットは、自治体行政の基礎である**住民基本台帳**の4つの情報（氏名・住所・性別・生年月日）と住民票コードの変更情報について、全国共通に電子的な本人確認ができるシステムです。住民を特定するために、市区町村の住民基本台帳に記録されている該当者に、11ケタの**住民票コード**を割り当てて管理しています。住基ネットを利用すれば、行政機関への申請や届出の際に住民票の写しなどの**提出が不要**となります。従来は申請や届出の際に、年間2,500万件以上の住民票の写しの提出も求められていましたが、これを2003年度は、500万件程度に削減できたとされています（情報化白書2006年）。

自治体は、日本政府がたてた**電子政府・電子自治体**の大方針のもとに、2000年からの**eジャパン戦略**、2003年からの**eジャパン戦略Ⅱ**、2006年からの**IT新改革戦略**という継続した電子政府・電子自治体を目指す戦略のもとで、住民サービスの充実を進めてきました。住基ネットはその基盤となるもので、2003年8月15日から全国ネットワークのサービスが開始されました。

なお、住基ネットなどの全国規模のネットワークを実現するために、次項の総合行政ネットワークが利用されています。

（2）総合行政ネットワーク（LGWAN : Local Government Wide Area Network）

地方自治体の各種サービスを支援するためのネットワーク基盤として構築されたネットワークのことです。

LGWANは、全国の地方自治体（都道府県、市区町村）の組織内ネットワークを相互に接続したネットワークで、地方自治体間の**コミュニケーションの円滑化**、情報の共有による**情報の高度利用**を図るための基盤として整備されました。LGWANには、2003年度までにすべての都道府県および市区町村が参加し、現在は一部事務組合や広域連合の参加が増えている段階です。また、政府省庁間ネットワークである**霞が関WAN**との相互接続により、国の機関との情報交換もおこなわれています。

LGWANを利用して、地方公共団体が地方自治体を窓口として、企業や住

民の本人認証をおこなう基盤サービスである **LGPKI**（Local Government Public Key Infrastructure）[8] が実現されています。

また、LGWAN を利用して、複数の自治体が外部のアプリケーションサービス提供業者とネットワーク接続してアプリケーションサービスを利用する **LGWAN-ASP**（LGWAN-Application Service Provider）もおこなわれています。

LGWAN のカバー範囲は全国自治体におよんでいます。しかし、LGWAN の利用率は、県庁間は高いですが、市町村施設間は低いとされています（情報化白書 2006 年）。その理由として、一部の市町村施設では外部通信回線のスピードが遅いこともあげられています。市町村施設内の LAN は構築されていても、外部ネットワークのスピードが遅いため、LAN と直接接続されていないケースがあるためです。

5.3 電子商取引

われわれの生活は、情報技術の進歩とともにある意味で豊かになってきました。インターネットを利用して、各種商品を購入したり、オークションを気軽に楽しんだりすることも、もはや特別なことではなくなっています。本節では、インターネットを利用したビジネスの代表である電子商取引について取り上げます。

5.3.1 電子商取引とはなにか

インターネットを利用した新しいビジネスは、当初、**e コマース**（Electronic Commerce：EC）とよばれ、**電子商取引**はこれを和訳したものです。電子商取引はインターネットを介しておこなわれる場合がほとんどですが、その他のネットワークが使われる場合もあります。本書では、インターネットをもちいた電子商取引を中心に取り上げることとします。なお、電子商取引はネットワークを介した取引のため、**ネット取引**ともよばれます。

e コマースは、製品や部品の注文をネットワーク上で受けつけ、販売すると

---

[8] LGPKI は、地方自治体の各種届け出などの際に、届け出た本人を認証するしくみで、地方自治体を窓口とする地方公共団体が **認証局** になるものです。本人認証の説明は、6.2.4 項（(5)認証局）で扱っています。

いうように、流通における取引の電子化・ネットワーク化を意味する用語として生まれました。しかし、単なる製品や部品の取引の側面ばかりでなく、営業プロセスや在庫管理、あるいは料金の決済といった企業内部のビジネス活動全般にまでインターネットの利用が進むにつれ、e コマースという言葉をより広く定義した e ビジネスという用語も使われるようになりました。なお、本書では e コマースを中心に扱うこととします。

5.3.2 電子商取引の種類

(1) B to B (Business to Business、B2B：企業間取引)

企業同士がおこなう、製品販売や資材調達などに関する商取引データ、受発注情報のネット上でのやりとりをともなうネット取引のことです(図 5-13)。なお B to B は、B2B と表記されることもあります (to の発音が数字の 2 と似ているため)。

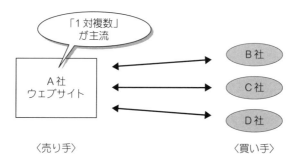

図 5-13　B to B のしくみ

ところで、ネットワークを利用したデータ交換のテクノロジーとして、EDI (Electronic Data Interchange：**電子データ交換**) というしくみが、e コマース登場以前から使われていました。これは、ネットワークを介してコンピュータ同士が、電子化された伝票などにより取引をおこなうしくみのことです。現在ではこの EDI を進化させた**ウェブ EDI** が使われるようになっています。

B to B は上記のウェブ EDI より範囲が広く、インターネットによる製品・部品および原材料などの取引市場を運営して、企業間の取引を仲介することも含まれます。このような B to B を **e マーケットプレイス**といいます (図

5-14)。eマーケットプレイスには、取引機会の拡大が見込めたり、物流コストの削減が可能になったりするなどの利点があるため、多数の買い手企業、売り手企業が参加して、活発な取引がおこなわれています。

B to Bは、ネットワークを介した取引のため、現代のように迅速さが要求されるビジネス環境にふさわしい取引形態といえます。そのため現在の電子商取引のうち、金額ベースではつぎにみるB to Cの約40倍の規模（2006年時点）があり、市場が成長するスピードも速いといわれています。

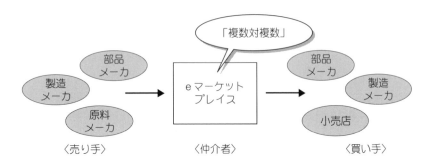

図5-14 eマーケットプレイスのしくみ

（2）B to C（Business to Consumer、**B2C：企業−消費者間取引**）

企業のウェブページや**ショッピングモール**（ウェブページ上の商店街）に消費者が訪れ、掲載されている商品をみて買い物をしたり、料金を支払ってサービスや情報を受け取ったりするネット取引のことです。

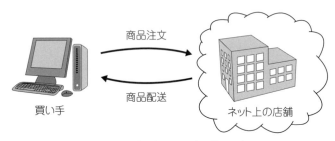

図5-15 ネットショッピングのしくみ

B to Cの代表は、図5-15に示すような**ネットショッピング**です。B to CはB to Bに比べ、市場規模は小さいですが、報道メディアに取り上げられる

ことも多いため、世界最大のネット書店の**アマゾン**（Amazon.com）、世界規模のネットショッピングの**ヤフー・ショッピング**（Yahoo!ショッピング）、日本の代表的なショッピングモールの**楽天市場**などが広く知られています。

　企業にとって、ネットショッピングには、いくつかの**利点**があります。1つめは、**実店舗が不要**な点です。従来のビジネスでは、まず店舗を開設し、実際の商品を陳列したり、その商品を販売する人材を集めたりする必要があります。また、店舗の開設や店の維持に大きなコストがかかるため、気軽に商売を始めることは困難でした。しかし、ネットショッピングは、ウェブページ上に簡単な架空の店舗を設け、商品の受注や配送さえできれば、パソコン1台でも開店することが可能です。

　2つめは、**無数の顧客**の**存在**です。全世界の消費者から注文を受けることが可能になり、場所の制約もそれほどありません。そのため、ある地域ではありふれているものが、別の地域では希少価値の高い商品になる可能性があります。このように、実店舗による販売より、はるかに多くの地域や顧客を相手に取引することが可能になります。

　3つめは、消費者にとって、**自宅に居ながら24時間いつでも注文**でき、遠隔地の商品や希少で入手しにくい商品も手軽に購入できるという利点です。

　以上のような利点があることから、今後もBtoCのビジネスは拡大していくと予想されます。

（3）C to C（Consumer to Consumer、**C2C：消費者間取引**）

　消費者同士が物品などの売買を直接おこなうネット取引のことです。C to Cの代表例として**ネットオークション**（図5-16）があります。

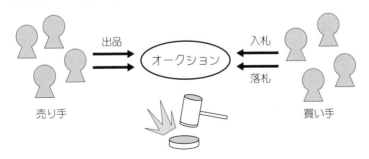

図5-16　ネットオークションのしくみ

ネットオークションは、消費者が出品した商品を別の消費者が落札するようなネット取引のことです。たとえば**ヤフーオークション**（Yahoo!オークション）や**楽天オークション**が有名です。ネットオークションには、品数の豊富さや値段の安さ、必ずしも買えるとはかぎらないゲーム性などの魅力があり、その人気につながっています。しかしそれと同時に、不特定多数の相手との取引であることから、いろいろなトラブルの事例も増えています。それらに関しては、5.3.3項（電子商取引の留意点）で扱います。

（4）その他の電子商取引

前記3つのタイプの他にもつぎのような取引があります。

① B to E（Business to Employee、B2E：企業–従業員間取引）

企業が従業員に対して、物品の販売や教育などのサービスを有償で提供するようなネット取引のことです。

企業のイントラネットなどを利用して、社員への福利厚生の一環として一般価格よりも割安で提供されることが多く、これから利用の拡大が予想されます。

② G to C / G to B（Government to Citizen / Government to Business：**行政機関・自治体–市民間取引、行政機関・自治体–企業間取引**）

G to Cは、行政機関や自治体が国民・県市町村民に対して、各種届け出や証明書発行などの業務を、インターネットを介しておこなうものです。G to Bは、行政機関や自治体が業者との間でおこなうネット取引のことです。現在では、**電子政府**の実現に関連して、公共事業における電子入札が導入されるなど、行政機関や自治体の業務の電子化が進められています。このような分野もこれから利用の拡大が予想されます。

5.3.3 電子商取引の留意点

電子商取引に参加する際、われわれは商品やサービスを提供する側にも、提供される側にもなります。たとえば、オークションにおいて、読まなくなった本を出品することもあれば、探していたCDを落札することもあります。どちらの場合にも、そこには一般的な取引とは異なる問題やリスクが存在します。ここでは、そのような問題やリスクに対する**留意点**を売り手側・買い手側の2つの側面から取り上げます。

（1）売り手側の留意点

① 売買トラブルへの対応

ネット取引では、**顧客の顔がみえない**ので、信頼できる顧客かどうか判断するのが難しくなります。また、商品の未配送や送り先の間違い、間違った商品の配送などのおそれもあります。システムやコンピュータへの不正アクセスによって、データやプログラムの改ざん・破壊や、顧客情報の盗難などのおそれもあります。こうした**売買トラブル**を極力起こさないようなビジネスプロセスの確立や、万一トラブルが起きてしまった場合、迅速な対応のプロセスを確立しておく必要があります。

② 誹謗中傷への対応

インターネット上では情報が瞬時に多くの人に伝わるため、**誹謗中傷**によるビジネスのダメージも深刻なものになります。インターネットの掲示板やチャットへの根拠のない悪口や名誉を傷つける内容の書き込みが大きな問題になっています。業務を妨害するような誹謗中傷やいやがらせに対する対応をあらかじめ考えておく必要があります。

③ 商品の嗜好性による問題への対応

対象の商品があらかじめよくわかっている場合は、誤解が生じることが少なく、ネット取引に適しているといえます。たとえば、書籍、CD、DVDなどの著作物、あるいは一般に広く売られているお菓子、文具、家電品などがあげられます。他方で、衣類のように、多くの色やサイズなどがあるもの、ファッション性があるものは、**誤解が生まれやすい**といえます。また、商品の注文から到着までの間に、鮮度を失いやすいような食料品なども、ネット取引では問題を起こしやすいものです。こうした商品を扱う場合には、できるだけ問題が起きないように、画像で明確に表示したり、商品配送前にメールで詳細を再確認したりするなどの対策が必要です。

④ 価格競争への対応

検索性の高いインターネットの世界では、商品の価格情報が、顧客にとって重要な購買基準になります。売り手も低コストで販売することが可能なため、ライバルとなる同業者も多く、**激しい値引き競争**が起きやす

くなります。このような値引き競争では、資本の大きな企業が有利になり、小規模な場合は撤退せざるをえなくなります。価格競争をするのではなく、商品に**付加価値**をもたせるサービスや付加情報の充実をこころがけることが大切です。

⑤ **実店舗の存在の有無による異なる戦略対応**

実店舗が存在しているかどうかは、ネット取引に大きな違いを生みます。米国のネット書店業界では、実店舗をもたない**アマゾン**（Amazon.com）が世界一のシェアを誇っています。

アマゾンの急成長をみて、実店舗では 4,000 万人の顧客を抱える書店チェーンの老舗、**バーンズ・アンド・ノーブル**（以下B&N）もネット取引に進出しました。実店舗展開をしないアマゾンは、徹底したコスト削減による割引戦略を推進し、B&N をはるかに引き離すことができました。そこで、B&N は 500 を越える**実店舗とのシステムの連携**を進め、実店舗・ネット店舗どちらでも割引が受けられるサービスを提供する戦略をとりました。身近にある実店舗と、ネット店舗との連携を強めることで、シナジー効果を生み出し、その差別化によりネット取引で生き残ることが可能となりました。

このように、実店舗の存在の有無によって、企業がとる戦略も変えることが必要です。B&N のように、インターネット（クリック）のよさと現実の店舗（モルタル）のよさを組み合わせて構築したビジネス手法を**クリック＆モルタル**（click and mortar）といいます。言葉の由来は、ブリック＆モルタル[9]（brick and mortar）をもじったものとされています。

(2) 買い手側の留意点

① **非視認性への対策**

ネット取引の際に、商品が届くまで手にとってチェックすることはできません。届いた商品が思っていたものと違っていても、食品や衣類などでは、返品条件が決まっている商品も数多く存在します。そのようなリスクを想定して、**取引規則などを確認**したうえで利用することが大切で

---

[9] ブリック＆モルタルは、レンガと、しっくいで固めた堅牢な建物のことで、昔の銀行の店舗を意味しており、米国では伝統的な企業をよぶときに使います。

す。

② 代金決済方法、商品受け取り方法の確認

代金決済の方法には、金融機関の振り込みやクレジットカードの利用、代金引換などがあります。また、受け渡しには、郵便小包、宅配便やコンビニエンスストアでの受け取りなどがあります。**決済方法**などによる条件を事前に確認しておかないと、トラブルとなる可能性もあります。個人間の取引の場合、双方が納得できる形でおこなうことが大切です。

③ セキュリティへの配慮

ネット取引の際には、一般に氏名、住所やクレジットカード番号など、**個人情報**を送ることが要求されます。誤って重要な個人情報が外部に流出することのないよう、**セキュリティ対策**の面で信頼のおけるサイトかどうか、十分確認したうえで利用する必要があります。

④ ネット詐欺への配慮

個人のIDやパスワードが盗まれたり、申し込んだ覚えのない商品が届いて代金を請求されたりするなどの被害が起きています。また、前払いで代金を振り込んだのに、いっこうに商品が届かないといった事件も多く発生しています。ネット取引を安易に信用することは危険です。一部のネット取引業者では、取引サイト上に利用者の**評価アンケート**などを掲示して、信用の向上につとめています。このような点に留意して、信用のおけるネット取引業者を選択する必要があります。

以上みてきたように、インターネット上では、誰でも簡単にネット取引を始められるため、取引サイト（店舗）の数は年々増加しています。一方で、個々のサイトの経営内容や信用性を正しく見極めることが難しいという問題も起きています。**売買トラブル**に巻き込まれることのないよう、上記の留意事項をきちんと認識したうえでネット取引を利用することが大切です。

演習問題

1. 広義の情報システムの定義としての2つの機構の名称を答えてください。
2. ソフトウェア開発とシステム開発の対象の違いについて答えてください。
3. システム開発の代表的なモデルであるウォーターフォールモデルの最大の問題点について答えてください。
4. プロトタイピングモデルは、どのような特徴によりウォーターフォールモデルの問題を克服しようとしているのかについて答えてください。
5. プロトタイピングモデルとスパイラルモデルの違いについて答えてください。
6. 1960年代なかばから、経営者や上級管理者が必要な情報を必要なときに提供する目的で開発された情報システムの名称を答えてください。
7. ビジネス戦略上の競争優位を達成する目的で導入された情報システムの名称を答えてください。
8. 会計活動を迅速におこなう目的で導入される2つの管理システムの名称を答えてください。
9. 企業の基幹業務を中心に、統合的な業務システムをコンピュータで支援するために導入されたソフトウェアの名称を答えてください。
10. 複数の買い手企業と複数の売り手企業がネット上で取引をおこなうためにつくられた市場の名称を答えてください。
11. 消費者同士が物品などの売買を直接おこなうネット取引の名称を答えてください。
12. ECにおいて価格競争へ陥らないためには、どのような対応が必要かを答えてください。
13. インターネット店舗と実店舗を組み合わせたビジネススタイルの名称を答えてください。

6. セキュリティと情報倫理

■■ 本章の概要 ■■

　インターネット経由で世界中の情報が自由に行き交う現代では、広く行き渡らせたい情報と守らなければならない情報を適切に管理する難しさを抱えています。また、毎年のように、世界中で情報漏洩や情報システムへの攻撃などが発生しています。
　本章では企業がもつ情報資産のセキュリティを取り上げます。情報セキュリティを維持・管理するための方針である情報セキュリティポリシーや、情報セキュリティの国際標準も扱います。また、セキュリティ違反を起こさないようにするための法制度や個人が人間として守らなければならない情報倫理などについても取り上げます。

学習目標
- 情報資産に対する脅威と脆弱性の関係について説明できる
- 情報セキュリティポリシーの構造と特徴について説明できる
- 情報資産のリスク値の分析方法について説明できる
- セキュリティ対策で考慮すべきアクセス権について説明できる
- 暗号化技術の種類と特徴について説明できる
- コンピュータウイルスの種類と特徴について説明できる
- 情報セキュリティ関連の主要な国際標準について説明できる
- 情報セキュリティ関連の主要な法律について説明できる
- 情報を活用する際の情報倫理の特徴について説明できる
- 情報を利用する際に考慮すべき著作権について説明できる
- 個人情報保護の特徴について説明できる

6.1 情報セキュリティのマネジメント

6.1.1 情報セキュリティの要素

(1) セキュリティとは

　安全を確保するという概念が**セキュリティ**です。従来日本では、「水と安全はただ」というように安全への意識が低いとされていました。インターネットが世界的インフラとなっている現代では、わが国も世界中からの脅威にさらされ、安全がおびやかされています。企業・組織から個人にいたるまでセキュリティへの配慮と対策が必須です。

　安全を確保する対象は各種ありますが、本書では情報に関連する分野である**情報資産**（6.2.1 項(1)情報資産とは）のセキュリティを対象とします。

(2) 情報セキュリティの3要素

　情報資産のセキュリティ（情報セキュリティ）にはつぎに示す**3つの要素**があり、国際標準にも記載されています[1]。

①　**機密性**（confidentiality）

　許可されたものだけが情報にアクセスできることを確実にすることです。

②　**完全性**（integrity）

　情報および処理の方法が正確・完全であることを保証することです。

③　**可用性**（availability）

　許可された利用者が必要なときに情報資産にアクセスできるようにすることです。

(3) 情報セキュリティの管理の3要素

　前記の 3 要素に加えて、組織が情報セキュリティを管理するときに必要な**管理の3要素**があり、国際標準にも記載されています[2]。

①　**真正性**（authenticity）

　利用者および情報資源の身元が決められたとおりであることを保証することです。

---

[1] 3 要素は、ISO/IEC 27002 に記載されています（詳細は 6.3.1 項(2)）。
[2] 管理の 3 要素は、ISO/IEC TR 13335 に記載されています（詳細は 6.3.1 項(2)）。

② **責任追跡性**（accountability）
　主体の行為から、その主体にだけいたる形跡をたどれることを保証することです。
③ **信頼性**（reliability）
　意図した動作と結果の整合性があるようにすることです。

6.1.2　情報資産の脅威と脆弱性

　情報セキュリティでは、情報資産の安全性をおびやかす**脅威**と、脅威を引き起こす原因である**脆弱性**の両面からとらえることが大切です。

（1）脅威（threat）とは

　情報資産の安全性をおびやかす事象のことです。
　脅威自身は完全になくすことはできないため、発生した場合に被害を最小限にすることが必要です。脅威は、環境的・物理的脅威と人為的脅威に分けられます。

① **環境的・物理的脅威**
　ａ．**環境的脅威**：地震・火災・停電・水害などの自然災害
　ｂ．**物理的脅威**：ハードウェア（コンピュータなどの機器）、ネットワークの障害

② **人為的脅威**
　ａ．**意図的脅威**：人が意図的に犯すコンピュータ犯罪やネットワーク犯罪などによる被害
　ｂ．**非意図的脅威**：人が意図せずに発生するプログラムのバグやデータの不備による障害、誤操作による障害

（2）脆弱性（vulnerability）

　脆弱性とは、脅威を引き起こす原因になる程度や、脅威を拡大させる程度のことです。
　図6-1に示すように、脅威自身は完全になくすことはできませんが、脆弱性をできるだけ排除すれば、脅威による「**損失**」を極力少なくできます。反対に脆弱性が多いほど、脅威による損失が大きくなります。

図6-1　脅威・脆弱性・損失の関係

6.1.3　情報セキュリティポリシー

（1）情報セキュリティポリシーとは

　情報資産の脅威に対して脆弱性をできるだけ排除するような**対策の方針**をたて、情報セキュリティのマネジメントを実践するためのさまざまな取り組みを**包括的に規定**したものです。

　情報セキュリティポリシーは文書で明文化され、通常3階層の構造となります（図6-2）。なお、最上位の基本方針のみを情報セキュリティポリシー（狭義）とよぶ場合もあります。

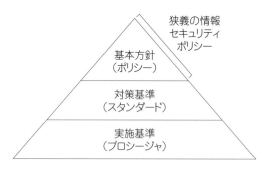

図6-2　情報セキュリティポリシーの構造

① **基本方針（ポリシー）**

　経営トップが情報セキュリティに本格的に取り組む姿勢を社員に示すための**宣言**を骨格とした部分です。具体的には情報セキュリティの方針、目的、範囲、義務、罰則、管理体制などが記載されます。

② **対策基準（スタンダード）**

　全組織対象に、守るべき規定を取り決めた**規定集**になります。**対策基準**は就業規則や人事規則の一部にもなります。

③ 実施基準（プロシージャ）

対策基準の規定に基づき作成される情報セキュリティ対策の実施基準書です。より細かな内容のため部署によって中身が異なります。

（2）情報セキュリティポリシーの策定

情報セキュリティポリシーの文書化は、通常、**情報セキュリティポリシー策定チーム**によりおこなわれます。情報セキュリティの維持・管理は経営トップの責任のため、経営トップの承認と各部門責任者の承認を取りながら文書化を進めます。また、各段階（図6-2）の**整合性**がとれているか、矛盾がないかを確認しながら策定していきます。

情報セキュリティ対策には相応の費用が必要になり、どの程度までの**リスク**（損失を生じさせる可能性）を許容し、利便性や費用をどの程度にすべきかを決めることが大切です。そのため、企業の**情報資産**を洗い出し、その価値を決め、**リスク評価**（6.2.1項）をしたうえで、**リスク管理**（6.2.2項(1)）の方法を適用します。

情報セキュリティポリシーにより、実施すべき情報セキュリティ対策の**範囲とレベル**が定められます。また、具体的にどのような**対策**を実施すべきか、どのような**情報セキュリティマネジメント**をおこなうべきかが定められます。

（3）情報セキュリティポリシーの管理

情報セキュリティポリシーの策定目的は、情報資産を脅威から守るための**対策方針**を明確にすることですが、その副次的目的は、社員のセキュリティに対する**意識を向上**させることと、対外的に自社のセキュリティ対策の**信頼**を得ることです。そのため、情報セキュリティポリシーは環境変化やビジネス変化に対応して柔軟に見直していくことが大切です。次項で述べる情報セキュリティマネジメントのPDCAサイクル（6.1.4項(2)情報セキュリティマネジメントシステム）の結果を反映して**改善する**ことが大切です。

6.1.4 情報セキュリティマネジメント

（1）情報セキュリティマネジメントとは

情報セキュリティポリシーで明確にした方針のもとに、情報資産の機密性、完全性、可用性を**維持・管理**していくことです。

情報セキュリティマネジメントを遂行することは経営トップの責任ですので、経営者がリーダーシップをとって**主体的**に取り組むことが必要です。

6.1.3項で述べたように、組織がおかれている状況に応じて情報資産の管理対象を明確にし、どのような範囲で情報セキュリティマネジメントを実施すればよいかという方針は、**情報セキュリティポリシー**にしたがいます。

(2) 情報セキュリティマネジメントシステム (ISMS)

情報セキュリティマネジメントを実施するための枠組みとして、**国際標準に準拠した情報セキュリティマネジメントシステム (ISMS)**[3] があります。

ISMSでは、情報セキュリティマネジメントを**実際に運用**していくには、どのようにおこなえばよいかを詳しくまとめています。また、情報セキュリティのマネジメントの過程はつぎのように示されています。

① Plan (計画)　：情報セキュリティポリシーの策定による管理の目的・適用範囲の定義
② Do (実施)　：情報セキュリティマネジメントにおけるセキュリティ対策の実施・運用
③ Check (評価)：情報セキュリティマネジメントの状況の評価
④ Act (改善)　：情報セキュリティマネジメントの見直しと改善

このマネジメント過程を参考にして、企業や各種組織の情報セキュリティマネジメントを実施していくことで情報セキュリティの**管理レベル**を向上し、理想に近づけていくことが大切です。

なお、わが国ではISMSの**適合性評価制度**があり、**日本情報処理開発協会**(JIPDEC) がISMS適合性評価制度に基づき評価・認証しています。

(3) ITセキュリティマネジメントのガイドライン

IT (情報技術) を中心としたセキュリティマネジメントを実行していくためのガイドラインが国際標準で制定され、**GMITS**（Guidelines for the Management for IT Security)[4] とよばれています。

これは、**IT (情報技術) セキュリティマネジメント**を実施していくための**手引き書**であり、組織のITセキュリティレベルを確保・維持するためのガイ

---

[3] ISMSは、ISO/IEC 17799に準拠しています（詳細は6.3.1項(2)）。
[4] GMITSは、ISO/IEC TR 13335の別称です（詳細は6.3.1項(2)）。

ドラインのため、情報セキュリティマネジメントの中でIT関連の具体的な対策を決定していくときの参考資料として活用すると有益です。

6.2 情報セキュリティ対策

6.2.1 情報資産のリスク評価

(1) 情報資産とは

企業や各種組織が抱えている情報のことで、顧客情報、財務情報、経営情報、人事情報などがあげられます。以下に情報資産の具体例を示します。

① 情報システムの構成要素：コンピュータのハードウェア、ソフトウェア、データ、ネットワーク、各種設備
② 情報システム関連の人材の記憶
③ 紙媒体情報：取引伝票、取引資料、業務資料、情報システム関連文書
④ 会議、電話連絡などの会話情報
⑤ 企業イメージ：ブランドイメージに関係する価値、企業の信用を形成する価値
⑥ 情報サービスの時間

(2) 情報資産の価値分析

各種情報資産について、機密性は **4段階**、完全性と可用性は **3段階** のレベルで評価をします。それらの合計値が情報資産の価値となります（式6-1）。

$$\text{情報資産価値} = \text{機密性} + \text{完全性} + \text{可用性} \qquad \text{(式6-1)}$$

情報資産の価値分析は、情報資産をグループ化してグループ単位でおこないます。たとえば表6-1では、顧客情報の情報資産価値は10（最大）となります。情報資産価値の最低は3のため、3～10を4段階に分け、情報資産価値を最終的に **4段階**（レベル1から4）であらわします。

表6-1 情報資産の洗いだし表

情報資産名	機密性	完全性	可用性	合計	段階
顧客情報	4	3	3	10	4
公開Web情報	1	2	3	6	2

(3) リスク値の分析

情報資産価値の脅威と脆弱性の分析から求めた値が**リスク値**となります。

① 情報資産の脅威の分析

各種情報資産の脅威の程度を分析します。脅威の程度は、脅威の発生頻度（低いものは 1、高いものは 3）と発生したときの影響度（低いものは 1、高いものは 3）を掛け算した結果になります（式 6-2）。

$$脅威（程度）＝ 発生頻度 \times 影響度 \qquad (式6\text{-}2)$$

脅威（程度）の最低は 1、最高は 9 になります。これを **3 段階**（レベル 1 からレベル 3）にわけ、脅威のレベルとします。

② 情報資産のリスク値の分析

各種情報資産の**脆弱性**を、低いものから 3 段階（レベル 1 から 3）で評価します。**リスク値**は、前記の情報資産価値（4 レベル）、脅威（3 レベル）、脆弱性（3 レベル）を掛け算した結果となります（式 6-3）。

$$リスク値 ＝ 情報資産価値 \times 脅威 \times 脆弱性 \qquad (式6\text{-}3)$$

たとえば表 6-2 のように、顧客情報のリスク値は 24 に、公開 Web 情報のリスク値は 12 になります。この値は組織の状況により多少増減があります。なお、リスク値の最大は 36 で最低は 1 になります。

表 6-2 リスク値の分析

情報資産名	資産価値	脅威	脆弱性	リスク値
顧客情報	4	3	2	24
公開 Web 情報	2	3	2	12

6.2.2 情報セキュリティ対策の方針

前項で求めた各種情報資産の**リスク値**をもとに、具体的な対策を検討します。リスク値が高い情報資産ほど、対策の**緊急性**が高くなります。

具体的な対策を考えるときに、つぎに述べる**リスク管理**と**リスクコントロール**の 2 つの視点で各対策方針を決めます。

（1）リスク管理

情報資産のリスク値をもとに、リスクの許容、低減、移転、回避の4つ（下記①～④）から選択して管理することを**リスク管理**といいます。

① **リスクの許容**：リスク値が低く将来も影響が小さいと考えられる場合、リスクがあることを許容して、対策を実施しないこと

② **リスクの低減**：対策をとることで、リスクを低減させること

③ **リスクの移転**：他社にまかせるとか、保険をかけるなどをして、リスクを移転せること。ただし、移転させても最終責任は自社にあることを忘れないこと

④ **リスクの回避**：リスクが起きないように、情報資産そのものの使用を禁止すること。ただし、潜在的なリスクがあることを忘れないこと

（2）リスクコントロール

情報資産のリスクを制御する目的で、脅威の抑止、予防、検知、回復の4つ（下記⑤～⑧）から対策を選択することを**リスクコントロール**といいます。

⑤ **脅威の抑止**：脅威の発生確率を低くする対策をとること

⑥ **脅威の予防**：脅威が起きても影響を少なくする対策をとること

⑦ **脅威の検知**：脅威が起きたらすぐにそれを検知できるような対策をとること

⑧ **脅威の回復**：脅威が発生したときに、すぐに回復できるような対策をとること

（3）具体的な対策方針の例

上記のリスク管理とリスクコントロールは、どちらか一方ではなく、両者を組合せた対策を考えます。つぎに具体的な選択例をあげます。

① 外部ホスティングサービス[5]の利用

　　サーバに関するセキュリティのリスクの移転（③）と、脅威の予防（⑥）

② メール添付ファイルの禁止

　　メール関連のセキュリティのリスクの回避（④）と、脅威の予防（⑥）

③ 社外へ持ち出す情報の禁止・制限

　　情報漏洩のリスクの低減（②）と、脅威の予防（⑥）

---

[5] 外部事業者が所有するサーバの1部または1台以上をレンタルして利用するサービス。

④ パソコンにウイルスチェックソフトを導入

ウイルス感染のリスクの回避（④）と、脅威の抑止と検知（⑤、⑦）

この選択例はあくまでも対策の方針であり、実際の結果が対策どおりの効果をあげているかどうかは、情報セキュリティマネジメントシステム（6.1.4項(2)）を運用していく中で評価し、改善していくことが必要です。

6.2.3 コンピュータ利用に関するアクセス管理

コンピュータやネットワークのセキュリティの確保のため、その利用に際して、アクセス管理がおこなわれます。アクセス管理には、おもに**ユーザ認証**と**アクセス制御**が使われます。

（1）ユーザ認証の種類

利用者が使用を許可された本人かどうかを確認することで、これを**ユーザ認証**といい、つぎのような種類があります。

① 記憶の利用

暗証番号や**パスワード**による認証です。

パスワードは他人に知られないように厳重な管理が必要です。完全なパスワードとして**ワンタイムパスワード**があります。これは1度限りのアクセスで使い、その後、恒常的なパスワードに変更する方式です。また、一定時間ごとに自動的にパスワードが変わる**トークンデバイス**があります。この方式を使えば、入力中のパスワードを盗み見られても、そのパスワードでは二度とログインできないので安全です。

② 所持物の利用

磁気カードや**IC カード**による認証です。

磁気カードは磁気ストライプが埋め込まれているカードで、クレジットカード、銀行のキャッシュカードやプリペイドカードなどがあります。**IC カード**は、IC チップ（集積回路）を組み込んだカードで、磁気カードの100倍以上のデータ記録やデータの暗号化ができるため、偽造に強い特長があります。IC カードは、電子マネー、クレジットカード、キャッシュカードなどに使われます。

③ 身体的・行動的特徴の利用

身体的特徴による認証を**生体認証**、あるいは**バイオメトリクス**

（biometrics）認証といいます。**生体認証**には、指紋、瞳の中の虹彩、顔、声紋、血管などがあります。**行動的特徴**には、筆跡があります。両者ともこれらの特徴をあらかじめデータとして登録しておき、登録内容と比較することで認証がおこなわれます。

パスワードや IC カードのように紛失や盗難の恐れがなく、忘れることもなく、なりすましも困難なことから、高い安全性を確保できる認証

図 6-3　静脈認証装置

です。現在、利用件数が多いものは指紋による認証ですが、手のひらや指の血管の形を読み取る静脈認証装置（図 6-3）も金融機関が ATM に採用したことで増えています。

（2）アクセス制御

許可されていない利用者からの不正アクセスを防止する対策として、以下にあげるような**アクセス制御**が使われます。

① ファイアウォール

防火壁を意味する技術で、外部ネットワークと接続する際に、内部側のネットワークの入口に設置し、その入口を通過する**データの監視**や**アクセスを制限**する目的で使用される防御のしくみのことです。

図 6-4 のように、内部ネットワークとインターネットなどの外部ネットワークの間にファイアウォールを設置して、外部からの不正アクセスを防止し、ネットワークを安全に維持できるようにします。

また、この図に示すように、**非武装地帯**（**DMZ**：DeMilitarized Zone）の公開サーバは外部からアクセスが許されますが、非武装地帯のサーバから内部ネットワークへは**接続できない**ように保護します。

ファイアウォールでは、インターネットの IP アドレス（4.3.4 項(1)）や、IP データグラム（4.3.3 項(2)②インターネット層）の制御情報を判断して内部へのアクセスを遮断するしくみが使われます。しかし、最近はそれだけでは不十分で、インターネットのアプリケーションが送受信する**データの内容**を判断してアクセスを遮断する **WAF**（Web Application Firewall）というファイアウォールも使われています。

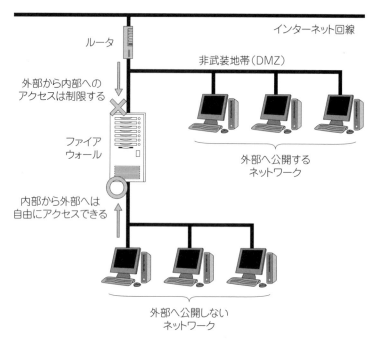

図6-4 ファイアウォールのしくみ

② アクセス権の設定によるアクセス制御

万一コンピュータへの侵入があっても、重要なファイルにアクセスできなくするため、また、内部のユーザでも許可されないファイルへのアクセスを禁止するために**アクセス権の設定**が実施されます。

具体的には、ファイルやディレクトリ（フォルダ）に対して、ユーザが見ることも書き込みもできないファイル、見ることはできるが書き込めないファイル、見ることも書き込みもできるファイルに区分けして設定をします。企業内部のアクセス権の設定は、職位や業務に応じた**アクセス制限**をかけることでおこないます。

しかし、厳重なアクセス権を設定し管理しても、内部からのセキュリティ違反を防止することは難しいのが現実です。セキュリティ違反の過半数以上が**内部関係者**によるものです。そのため、社員の意識改革や社員の不満足度の解消をしていくことも大切です。

6.2.4 暗号化技術

情報セキュリティ対策の中で、機密保持や情報漏洩防止のために使われる技術に**暗号化技術**があります。

暗号化とは、データを一定の規則にしたがって編集し、第三者に容易に解読できないようにすることです。暗号化に使うデータを**暗号かぎ**、元に戻すとき（復号）に使うデータを**復号かぎ**といいます（図6-5）。元のデータを**平文**（ひらぶんと発音）といい、暗号化されたデータを**暗号文**といいます。

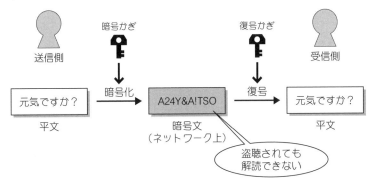

図6-5　暗号化と復号

（1）共通かぎ暗号方式

秘密かぎ暗号方式ともよばれ、暗号かぎと復号かぎに**共通の秘密かぎ**を使う方式です（図6-6）。

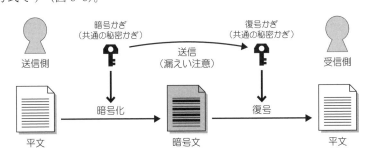

図6-6　共通かぎ暗号方式

この方式は、暗号化・復号する**処理は速い**ですが、暗号かぎを盗まれないように、**かぎの配布や管理**には十分な注意が必要です。そのため、不特定多

数の相手とのデータのやりとりには向かないという欠点があります。代表的な共通かぎ暗号方式には、米国規格の DES やその次世代としての AES があります。

（2）公開かぎ暗号方式

受信側で作成した**公開かぎ**と**秘密かぎ**というペアとなる2つのかぎを使用する暗号方式です（図6-7）。

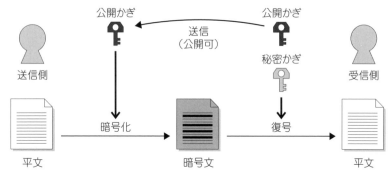

図 6-7　公開かぎ暗号方式

あらかじめ公開かぎを送信側に送ります。**公開かぎ**は送信側が暗号化のかぎに使います。受信側が保持する**秘密かぎ**は受信した暗号文の復号に使います。暗号文は公開かぎでは復号できず、受信側がもつ**秘密かぎ**でしか復号できません。そのため、暗号かぎの公開が可能となります。

暗号かぎを**公開できる**ので、不特定多数の相手とのデータのやりとりに向き、共通かぎ暗号方式より安全です。しかし、暗号化・復号する処理には共通かぎ暗号方式より**時間が長くかかる**欠点があります。代表的な公開かぎ暗号方式には、RSA、DSA、ECDSA があります。

（3）ハイブリッド暗号方式

公開かぎ暗号方式は**時間がかかる**という問題があり、大量データの暗号送信には向きません。また、共通かぎ暗号方式は共通かぎを**安全に相手に渡す**のが困難です。これら双方の欠点を補ったのが**ハイブリッド暗号方式**です。

図6-8に示すように、送信側で生成した**共通かぎ**で平文を暗号化して受信側に送ります。同時に、あらかじめ入手した公開かぎで**共通かぎのみ**を暗号

化（**暗号化共通かぎ**）して受信側に送ります。受信側では秘密かぎで暗号化共通かぎを復号して共通かぎを生成し、その**共通かぎ**で暗号文を復号します。公開かぎ暗号方式のしくみは共通かぎの暗号化にしか使わないため、時間が長くかかる問題はなくなります。また、共通かぎを受信側に安全に渡すことができます。暗号化共通かぎは暗号文に含めて送る場合と、暗号文とは別送する場合があります。

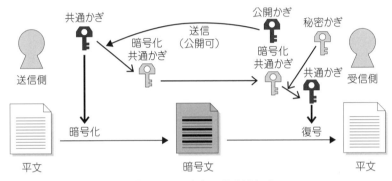

図6-8 ハイブリッド暗号方式

　インターネットのサーバとパソコン側のブラウザとの連携処理には、このハイブリッド暗号方式を応用した **SSL**（Secure Sockets Layer）という技術が使われます。SSL は、米国ネットスケープ・コミュニケーションズ社（現在 AOL 社）が開発した公開かぎ、暗号化共通かぎ、サーバによる**認証機能**などが組み合わされたしくみです。現在、個人情報を送信する場合などによく使われています。

（4）電子署名

　電子署名とは、従来からの紙文書の押印やサインによる署名を電子的に置き換えた技術のことです。前記の**公開かぎ暗号方式**を応用しておこなわれる電子署名を、**ディジタル署名**ともいいます。このディジタル署名によって、「電子メールなどの送信者が**本人であること**」と、「送られてきた内容が**改ざんされていないこと**」の2点を確認することができます。

　ディジタル署名（図6-9）は、公開かぎ暗号方式の反対に、送信者が自身の**秘密かぎで暗号化**し（②）、受信者は、送信者から送られてきた**公開かぎで復**

号します（⑤）。復号できれば、送信者が**本人**であることが確認できます。

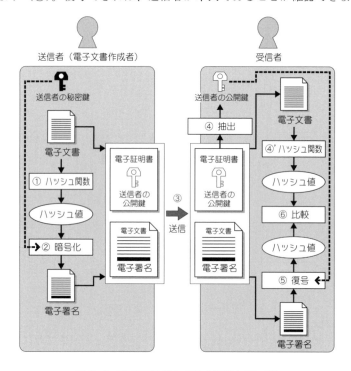

図 6-9　電子署名（ディジタル署名）のしくみ
（JIPDEC：(財)日本情報処理開発協会(http://www.jipdec.jp/)より引用・加筆）

　また、**ハッシュ関数**（①、④'）という技術を利用し、**改ざんの有無を確認**できるようにしています（⑥）。ハッシュ関数は、元のデータを少しでも修正すると、計算結果の**ハッシュ値**がまったく異なる値になるという特徴があります。

　送信側は、まず電子文書をハッシュ関数（①）で処理した**ハッシュ値**を秘密かぎで暗号化した（②）電子署名、電子文書と**電子証明書**を受信者に送ります（③）。受信者は電子証明書から抽出（④）した送信者の**公開かぎ**で電子署名を復号し（⑤）、ハッシュ値を抽出します。このハッシュ値と、送られてきた電子文書からハッシュ関数（④'）で求めた**ハッシュ値が一致**していれば（⑥）、**改ざん**がなかったことになります。

(5) 認証局（CA：Certificate Authority）

電子認証をおこなう人の**本人認証サービス**をおこなう機関のことです。

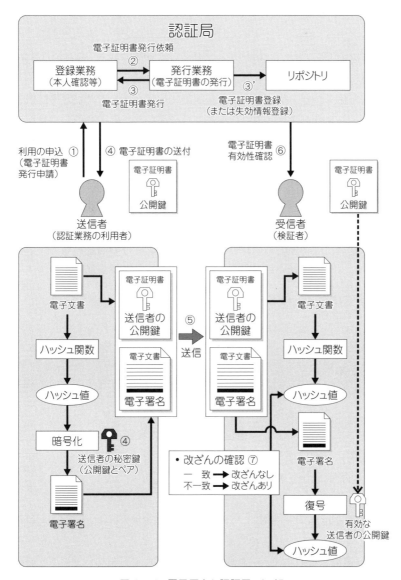

図6-10 電子署名と認証局のしくみ

（JIPDEC ：（財）日本情報処理開発協会(http://www.jipdec.jp/)より引用・加筆）

電子商取引などの重要度の高い暗号化通信には**認証局**がよくもちいられます。前記のディジタル署名には公開かぎが使われますが、この公開かぎ自体が確かに本人（または組織）のものであることを証明する必要があります。その理由は、他人に**なりすまし**て電子商取引などを不正利用することを防止するためです。そこで、第三者機関である**認証局**は図 6-10 に示すように、本人からの申請（①）と各種証明書に基づいて本人確認をおこなった後（②）、公開かぎと秘密かぎを生成し、秘密かぎと、公開かぎを含んだ**電子証明書**を利用者本人に**発行**します（③、④）。認証局は発行した電子証明書を**リポジトリ**とよばれるデータベースの一種に登録します（③'）。

　受信者は、送信者の電子証明書（公開かぎを含む）を**リポジトリ**から入手するときにその**有効性**（期限切れでないなど）を確認します（⑥）。送信者から送られた電子署名がその**公開かぎで復号**できれば**本人確認**ができます。改ざんの有無は前記の電子署名と同様にして確認できます（⑦）。

　なお認証局には、上位の認証局からの認証が必要な**中間認証局**と、自ら認証局になれ、中間認証局に証明書を発行できる**ルート認証局**があります。

6．2．5　コンピュータウイルスなどへの対策

　情報セキュリティ対策の具体例として、コンピュータウイルスへの対策やその他の脅威やセキュリティ違反を取り上げます。まず、コンピュータウイルスから取り上げます。

（1）コンピュータウイルス（computer virus）

　コンピュータウイルス（以後、**ウイルス**と略記）とは、第三者のプログラムやデータベースに対して**意図的**に何らかの**被害**を及ぼすように、悪意のある人間によって作られたプログラムのことです。

　ウイルスの機能などを以下に示します。

　　① **ウイルスの機能**
　　　・**自己伝染機能**：自らを他のプログラムやシステムにコピーすることにより、他のシステムに伝染する
　　　・**潜伏機能**：特定時刻、一定時間、処理回数などの条件を記憶し、発病するときまで症状をださない
　　　・**発病機能**：プログラムやデータの破壊、設計者の意図しない動作発現

② ウイルスの感染原因

最も多い感染経路は、電子メールの受信やインターネットからのデータのダウンロードです。その他に以下があげられます。
- ウェブページへのアクセス
- OS（基本ソフトウェア）の脆弱性
- 応用ソフトウェア（アプリケーション）の脆弱性
- データベースの脆弱性
- ウイルスに感染した USB-RAM、DVD などのメディア

③ 感染予防策

ウイルス感染の被害を最小限に食い止めるための対策を示します。
- ウイルス対策ソフトを常に最新のウイルス定義ファイルに更新
- 定期的なウイルスチェックの実施
- 見知らぬ相手からの電子メールを不用意に開封しない
- 添付ファイルを開ける前にウイルスチェックスキャンを実施
- 出所不明なファイルはダウンロードしない
- ダウンロードしたファイルはウイルスチェックスキャンを実施
- 重要なデータのバックアップファイルを作成

④ 感染した場合の対処

感染した場合の対処手順について示します。
- コンピュータをネットワークから切り離し、2 次感染を防ぐ
- 電源を切り、メモリを初期化してメモリ内のウイルスを消去する
- 感染前に作成していたシステムディスクからコンピュータを起動する
- ウイルススキャンによるウイルスの駆除と、感染したファイルの削除
- ネットワーク上の他のコンピュータにウイルスが 2 次感染していないかをチェックし、必要な対処をする

（2）その他の脅威

その他の脅威やセキュリティ違反の代表的なものを以下に取り上げます。

① クロスサイトスクリプティング

ウェブサイトを閲覧した際に、その中に記述された**スクリプト**が稼働

し、他のサイトに不正に接続され、データを送られてしまうことです。
対策としては、信用のおけないサイトを閲覧しないこと、おかしな操作要求に注意すること、正規のドメイン名かどうか確認することです。

② サービス不能攻撃

不正なデータや大量のデータをネットワーク上に送ることで、サーバに過剰な負荷をかけ、ネットワークサービスを不能にさせる妨害行為のことで、DoS（Denial of Service）攻撃といいます。また、ネットワーク上の多くのサーバを踏み台にして一斉に過剰な負荷をかけさせる妨害行為を DDoS（Distributed DoS）攻撃といいます。

対策としては、両者とも踏み台を利用するので、攻撃をしかけた相手を特定するのがたいへん困難です。事前対策としては、サーバの OS やソフトウェアの脆弱性を解消することです。それでも発生した場合は、バックアップ回線を用意しておき、切り換えて対処することです。

③ セキュリティホール（脆弱性）

ネットワーク、OS やアプリケーションのセキュリティに対する**欠陥（脆弱性）**のことで、欠陥を利用した不正な攻撃をしかけてきます。
対策としては、脆弱性解消のパッチを迅速に実施することです。

④ パスワードクラック

不正手段により**パスワードを盗み出す**ことです。パスワード保存ファイルを盗み、パスワード登録辞書を使い、自動的に解析するプログラムによりパスワードを探しだします。
対策としては、容易に推測できるようなパスワードを使用しないことと、定期的にパスワードを変えることです。

⑤ バックドア

侵入者によって故意に**仕掛けられた裏口**のことです。バックドアをつくられると、パスワードなどなしに容易に侵入できるため、システムを悪用される危険性が高くなります。
対策としては、不正アクセスを検出したときに不正箇所の修正をおこなうことと不十分なときは OS の再インストールをすることです。

⑥ バッファオーバーフロー

長いデータを入力してバッファをあふれさせ、戻りアドレスを書き換え、**悪意あるプログラムへジャンプ**させることです。

対策は、入力データのサイズチェックを確実におこなうようにプログラムを改善し、そのためのパッチを実施することです。

⑦ フィッシング（phishing）

本物と間違うようなウェブページに故意に接続させることです。**不正なページに接続**させ、クレジット番号などのデータを盗み取ります。ドメイン名も本物のようなものが多く、偽物の判断は困難です。

対策としては、不審なメール上のリンクをクリックしないこと、おかしな操作要求に注意することや、正規のドメイン名かどうか確認することです。

⑧ ボット（bot）

広義のウイルスです。**ボット**は、OS やプログラムの脆弱性を悪用してコンピュータに侵入し、リモートからの指示によりスパムメール送信やコンピュータを意のままに操作する不正をおこないます。ボットに乗っ取られたコンピュータは**ゾンビ PC** といいます。

対策としては、脆弱性解消のパッチを迅速に実施すること、およびウイルスチェックによるボットの削除です。

⑨ ポートスキャン

インターネット上のサーバに不正に侵入するために、ポート番号をいろいろ変化させて、開いている**ポートを調べる**ことです。

対策としては、不正アクセスの監視やファイアウォールの強化です。

⑩ ワーム（worm）

ウイルスのように宿主（感染対象）を必要とせずに、他のコンピュータに侵入していくタイプの**不正プログラム**のことです。

対策としては、脆弱性解消のパッチを迅速に実施すること、および不正プログラムの削除です。

⑪ SQL インジェクション

データベースを操作する SQL をウェブページ上にひそませて、データ

ベースに**不正な操作**をおこなうことです。個人情報漏洩はSQLインジェクションによる場合が多いとされています。

対策としては、不正な文字を検出するWAF（Web Application Firewall）の設置や、想定した出力結果のみ通過させるフィルタリング（**ホワイトリスト**といいます）をおこなうことです。

6.3 情報セキュリティの国際標準と法制度

6.3.1 情報セキュリティの国際標準

（1）情報セキュリティに関する国際標準化機関

情報セキュリティ関連の代表的な国際標準化機関は以下に示す3つです。どの機関も情報セキュリティは標準化の一部として対応しています。

① ISO（International Organization for Standardization：**国際標準化機構**）

各国の代表的標準化機関からなる国際標準化機関で、情報セキュリティだけでなく、鉱工業、農業、医薬品などの国際規格を制定しています。

② IEC（International Electro-technical Commission：**国際電気標準会議**）

各国の代表的標準化機関からなる国際標準化機関で、電気、電子技術分野の国際規格を制定しています。

なお、**ISO/IEC**の表記はISOとIECの共同によるダブルスタンダードの国際標準です。

③ IETF（The Internet Engineering Task Force）

インターネットに関する技術仕様などを検討・開発する組織で、**RFC**（Request for Comment）とよばれる技術文書を発行しています。インターネットの通信プロトコルの**TCP/IP**に関する技術仕様も開発しています。

（2）情報セキュリティ関連の国際標準の種類

① 英国規格からの経緯

情報セキュリティに関する標準化はイギリスが先行しており、1995年に、**英国規格協会**（BSI：British Standard Institution）は、**情報セキュリティ管理実施基準**のBS 7799を標準化しています。また1998年にBS 7799

は2部構成に拡張され、第2部では**情報セキュリティ管理システム仕様**が標準化されています。

② ISO/IEC 17799

BS 7799 第1部の**管理実施基準**が 2000 年に国際標準化されたものです。日本では JIS（Japanese Industrial Standards：日本工業規格）が **JIS X 5080** として 2002 年に標準化しました。わが国の情報セキュリティ管理システム（ISMS）の**認証制度**はこの基準に準拠しています。

③ ISO/IEC 27001

BS 7799 第2部の**管理システム仕様**が 2005 年に国際標準化されたものです。

④ ISO/IEC 27002

2005 年に BS7799 第1部の**実践規範**として国際標準化されたものです。

⑤ ISO/IEC27005

2008 年に**リスクマネジメント**のガイドラインとして国際標準化されたものです。

⑥ ISO/IEC TR 13335（GMITS）

情報セキュリティ管理手法のガイドラインとして 2004 年に制定された国際標準で、**GMITS**（Guidelines for the Management of IT Security）とよばれています。情報セキュリティの **6 要素**（6.1.1 項 情報セキュリティの要素）も **TR 13335** に掲載されています。なお、TR はテクニカルレポートのことです。IT（情報技術）セキュリティ中心となっています。

⑦ ISO/IEC 15408

1999 年に制定されたセキュリティ製品やシステムに関する**セキュリティ評価基準**の国際標準です。

日本では **JIS X 5070** として 2000 年に標準化されました。セキュリティ製品や各種システムを導入する際に、参照すると有益です。

⑧ IETF RFC

IETF では、下記のような情報セキュリティ関連文書を発行しています。

・RFC 2196：**インターネットサイト**のセキュリティハンドブック
・RFC 2246：SSL の仕様の公開がされ、**TLS1.0** と命名

- RFC 2504：利用者セキュリティのハンドブック
- RFC 2828：インターネットのセキュリティ辞典
- RFC 3365：IETF の標準プロトコルに関するセキュリティ要件

6.3.2 情報セキュリティ関連の法制度

　情報セキュリティ関連の法制度は、既存の法律の適用範囲を拡大するような追記の対応が多いのが現状です。コンピュータ犯罪に対する法律は、1987年の刑法改正にともない、下記のような**コンピュータ犯罪防止法（3法）**が制定されました。

（1）コンピュータ犯罪防止法（3法）
- 電磁的記録の不正作出罪（刑法 161 条）：契約文書の改ざん、ウェブページの記述内容の改ざんが対象
- 電子計算機損壊等業務妨害（刑法 234 条）：脆弱性悪用によるサービス停止、データの破壊が対象
- 電子計算機使用詐欺罪（刑法 246 条）：注文内容の不正書き換えによる商品入手による不当利益が対象

（2）不正アクセス禁止法

　2000 年に施行された以下のような**不正アクセス**を禁止する法律です。
- 他人の識別符号によるなりすましによりシステムへ侵入
- セキュリティホールを利用して認証をせずにシステムへ侵入
- コンピュータを踏み台にしてアクセス制御を無視してシステムへ侵入
- 他人の識別符号を許可なく第三者へ提供

（3）既存の法律に電磁的記録を追加

　公正証書不実記載等（刑法 157 条）、電磁的記録棄却罪（刑法 258 条、25 条）に対して**電磁記録**が追加されました。

（4）不正競争防止法の適用

　市場を混乱させ、適正な競争を破壊するような違法行為の適用範囲に営業秘密の**意図的な漏洩**を該当させています。

(5) 個人情報保護法（個人情報の保護に関する法律）

個人情報保護法は、本人の意図しない個人情報の不正な流用や、個人情報を扱う事業者によるずさんなデータ管理を防ぐため、一定数以上の個人情報を取り扱う事業者を対象に義務を課す法律のことです。2003年5月に成立し、2005年4月に全面施行されました。

この法律では、個人情報を入手する際、企業は**使用目的**を事前に本人に伝えなければなりません。また、伝えた目的以外に情報を使ったり、勝手に他者に情報を渡すことは禁止されています。本人から情報の内容について問い合わせがあった場合、企業はそれに答える必要があります。

ところで、個人情報保護法への**過剰反応**もみられます。たとえば、学校などのクラス名簿が作成できない、趣味の会の名簿を配布できないという問題がよく聞かれます。個人情報保護法は、事業者によるずさんなデータ管理や不正な利用を防止することが本来の目的です。個人の便宜をはかるために名簿を作成することは問題ないといえます。もちろん配布した名簿を適切に管理することは必要ですが、それは道徳や情報倫理が適用される範囲と考えるのが妥当です。

いずれの法律も、現状のインターネットや情報技術の発展にともなう不正行為や情報漏洩などの犯罪を取り締まるのに**不足の面**がみられます。法制度は最後のとりでといわれますので、法律の罰則に頼ることなく、情報倫理や情報セキュリティ関連の**道徳**を守るように、意識を変えていくことが大切です。

6.4 情報倫理と情報活用の留意点

6.4.1 情報倫理とはなにか

(1) 倫理と道徳

倫理とは、人として行動すべき道や、人としてのあるべき姿のことです。

倫理と同じような範疇に**道徳**がありますが、倫理は、人として守るべき道であるのに対し、倫理をもとにして社会とのかかわりの中で、個人の内面的なあり方を求めるのが**道徳**です。

(2) 情報倫理

20世紀後半のテクノロジーの発展により、これまでの倫理ではカバーできない多くの問題が発生し、**生命倫理**や**環境倫理**などが生まれました。**情報倫理**もそのひとつで、人が情報を扱う際に社会の一員としてのあるべき姿を示す倫理です。

倫理から法制度にいたる概念図を図6-11に示します。情報倫理、生命倫理、および環境倫理は、**応用倫理**に含まれます。**法制度**には、憲法や法律、条文などがあります。法制度と道徳の違いは、法制度が**他人を律する**ものであるのに対し、道徳は**自己を律する**ものであること、そして、法制度が強制力をもつのに対し、道徳は強制力をともなわないことです。

図 6-11　倫理から法制度にいたる概念図

法制度と道徳の中間に位置するものとして、企業や各種組織が制定した**組織規則**があります。われわれが、ある組織に所属すると、その組織の規則を守ることが求められます。たとえば、企業には企業規則があり、学校には学校規則があります。

情報社会とよばれる現代においてインターネットは、世界中の人々が参加できる便利な環境である一方、そこで発生する問題には、管理が行き届かない**無秩序な社会**ともいえます。ネットワークや多くのメディアからは日々、大量の情報が流され、われわれは、それらの情報から強い影響を受けます。この情報の取り扱い方を誤ると、特定の情報に踊らされる**被害者**となるばかりか、自分が意識しないで**加害者**になり、ネットワーク社会に混乱をひき起

こす危険もあります。このような背景から、利用者1人ひとりがネットワーク上の作法である**ネチケット**を守ることが重要です。情報倫理は、ネチケットなどを含んだ、情報社会特有の倫理です。

6.4.2 情報活用への配慮

(1) 情報の活用場面における倫理

われわれが情報を活用する場面は図6-12のように、情報の生産・蓄積・活用・廃棄といった4つが考えられます。それぞれの場面で倫理について注意する必要があります。

図6-12 情報の活用場面

① **情報の生産**

ソフトウェアの作成など、これまで情報の生産には専門家が大きく関わってきました。この場合、**ソフトウェア特許**（6.4.3項(2)）を侵害しないことが重要です。また、ブログ、SNSやWebページ作成による**情報発信**では、一般利用者も情報の**生産者**となります。気軽に外部情報を手に入れたからといって、誤った情報を確認しないまま発信したり、文章・画像・映像などの著作物を勝手に使用したりすることは許されません。こうした背景から、今後は利用者であってもよりいっそう高い**倫理意識**をもつ必要があります。

② **情報の蓄積**

企業が顧客情報などの収集・蓄積をおこなう際には、**情報の管理を徹底**して流出を防いだり、外部からの不正なアクセスによる進入を防いだりするための周到な準備が必要になります。

たとえば、ノートパソコンや携帯端末などの紛失や盗難は、情報漏洩のトラブルに発展する恐れもあり、管理を十分にすることが必須です。会社でやり残した仕事を家庭で継続するため、データをもちだして家庭の

パソコンで作業することなどは、**情報流出**の危険があるためできる限り避けなければいけません。

現在、**シンクライアント**とよばれるハードディスク装置をもたないパソコンを企業に導入するケースが増えています。必要なデータはすべてネットワーク上のサーバに保管することで、パソコン上にはデータを蓄積できないようにしています。シンクライアントでは、USBメモリなどの外部記憶装置の接続も一切禁止されるため、データを外へもちだせなくなっています。

③ 情報の活用

情報技術の発達によって、情報の伝達・複製・蓄積・配布が容易にできるようになりましたが、容易さゆえに**誤った活用**も頻繁に発生します。たとえば、メールの送信先を間違えたり、掲示板上でのいい争いから相手の名誉を傷つけたりすることがあります。

ネットワーク上以外でも、自分の会社の名簿を他人に安易に貸したり、顧客情報をうっかり同業者に話してしまったりするなど、情報活用の際、倫理的に問題がある場面は多く存在します。

④ 情報の廃棄

情報を廃棄する際には、廃棄した情報が他人の目に触れないようにしなければなりません。重要な情報が記載された書類を捨てる場合はシュレッダーを利用するなどの注意が必要です。

パソコンやハードディスクを廃棄する際にも注意が必要です。ソフトウェア的に削除した情報も、物理的にはディスク上に磁気パターンとして残っています。情報を盗み取られないように、ディスク上のデータを物理的に書き換えたり、ディスクを**物理的に破壊**したりしたあとで、廃棄する必要があります。

(2) 情報活用における情報セキュリティ対策

情報活用における個人や企業の情報セキュリティ対策は、まだ十分とはいえません。各種のセキュリティ被害が依然として多発しています。

情報セキュリティ対策についての詳細は、6.2節(情報セキュリティ対策)で取り上げています。

6.4.3 知的財産権とプライバシー

情報倫理を根底として、われわれがネットワーク社会の中で守るべきものとして**知的財産権**や**プライバシー**の権利があります。また、コンピュータを利用するときには専門家（プロフェッショナル）としての倫理や利用者（ユーザ）としての**倫理**を守る必要があります。

(1) 知的財産権

知的所有権ともよばれ、人間の幅広い**知的創造活動の成果**について、創作者に一定期間の権利保護を与えた制度で保障された権利のことです。

知的財産権は、**工業所有権**と**著作権**にわけられ、その権利はさまざまな法律で保護されています。著作権については6.4.4項(著作権)で取り上げます。

① 工業所有権（産業財産権）

産業の発展に寄与することを目的として制定された法律で、産業財産権ともよばれています。

工業所有権には、特許権、実用新案権、意匠権、商標権があります。

a．特許権（特許法）

発明の保護を対象に制定された法律です。

発明は**特許法**によって一定期間保護されます。たとえば「つまようじ」から宇宙開発の技術まで、技術的な新規アイデアが含まれていれば、あらゆるものが特許の対象となります。特許権を取得すると、発明した物や技術などを**独占的**に**生産・使用**することができます。もし、第三者が無断で該当の物品を生産したり、技術を模倣したりした場合には、権利者は権利侵害者を訴えることができます。特許権は登録によって発生し、その存続期間は特許出願の日から **20 年**です。登録後は、権利を維持するため特許料を継続して支払うことが必要です。

なお、特許のうち、**ビジネスモデル特許**については、(2)ソフトウェア特許で取り上げます。

b．実用新案権（実用新案法）

物品の形状などの**考案の保護**を対象に制定された法律です[6]。

---

[6] 実用新案権と特許権は異なる権利です。たとえば、鉛筆を進化させてシャープペンシルを発明することは特許となるのに対し、鉛筆に消しゴムをつけて便利にすることは実用新案となります。

実用新案権は特許権に比べて簡単なアイデアに適用されます。ライフサイクルの短い物品のように、流行に左右されやすく、すぐに模倣した製品が出回る可能性があるものについては、これらに関するアイデアや技術を早期に権利として保護する必要があります。そのためにつくられたのが、実体審査なしで権利が与えられる実用新案制度です。特許が出願後、早くても2、3年後に権利となるのに対し、実用新案権は出願から**半年**くらいで登録され、権利として認められます。しかし権利期間は特許権よりも短く、出願から**6年**となっています。

c．意匠権（意匠法）

物品のデザイン（意匠）の保護を対象に制定された法律です。

対象の物品は、たとえばうどんのような食品から自動車のような工業製品まで幅広く存在します。**意匠権**によって、工業上利用することができる新規の**意匠を独占的・排他的に使用**することが可能になります。意匠権の権利期間は登録してから**15年**となります。

d．商標権（商標法）

商品・サービスに使用する商標の保護を対象に制定された法律です。

消費者が商品やサービスを購入する際、商品名やマークなどの**商標**（ブランド）が商品を区別するための重要な判断材料となります。商標の対象となるのは、他社の商品と区別するためにつけられる文字や図形、記号、またはそれらの組合わせです。

(2) ソフトウェア特許

① ソフトウェア特許とは

コンピュータを利用する発明に関する特許のことです。

ソフトウェアは、**特許権**による保護とともに**著作権**によっても保護されています。特許権がプログラムの**アルゴリズム**（解法の手順）**の新規性**を保護するのに対し、著作権は**プログラムの表現**（プログラムそのもの）**の新規性**を保護します。

② ビジネスモデル特許

ソフトウェア特許の一形態としてのビジネスモデルに関する特許です。インターネットの発展にともない、**ビジネスモデル特許**の対象となるビジネスが急拡大しています。ビジネスモデル特許は、ビジネスの方法を

ITの利用によって実現する装置・方法の発明に対して与えられる特許のことで、正式には**ビジネス方法の特許**といわれます。日本では、ビジネスの方法そのものは特許の対象とされていませんが、インターネットやコンピュータなどをもちいた**新規のビジネス方法**であれば、特許の対象となる可能性があります。これにより、ITを利用したビジネス手法において不可欠な技術的なしくみについて、特許を取得することが可能になります。しかし、ビジネスモデル特許は基準が厳しく、特許によってビジネスを独占することは難しいといえます。しかし、特許によって競合他社との差別化の手法を保護し、競争力を強化できることは企業にとっての利点となります。

(3) プライバシー

個人の私生活に関する事柄、およびそれを秘密に保ち、他から干渉されない状態を要求する権利のことです。個人に関する情報には、氏名、性別、住所、電話番号、年齢、勤務先、出身校、趣味、嗜好、身体的特徴などがあります。

情報化社会では、各種サービスの提供をより効率的に受けるため、個人情報を公開する機会が増えます。たとえば、ネット上で買い物をする際の住所・氏名・クレジットカード情報などの入力があります。しかし、収集した個人名簿や商取引から発生したデータを他社に売る会社もあり、それにともなった被害も多くなっています[7]。そのため、2005年4月に**個人情報保護法**（6.3.2項(5)個人情報保護法）が本格的に施行されました。

また、個人情報保護に関して、一定の要件を満たした事業者に対しては、**財団法人日本情報処理開発協会（JIPDEC）**から**プライバシーマーク**（略称：Pマーク）の使用が認められます。登録商標であるPマークの取得が認められると、自社のパンフレットやウェブサイト、社員の名刺など、公の場でPマークを使用することができます。これにより、個人情報の安全な取り扱いを社会に対してアピールできるという利点があります。

---

[7] 電話やはがきの文書などで相手をだまし、金銭の振り込みを要求する「振り込め詐欺」のような犯罪に悪用されるケースもあります。

（4）プロフェッショナル倫理とユーザ倫理

① プロフェッショナル倫理

コンピュータシステムや情報システムの開発・運用をおこなう情報技術の専門家が守るべき倫理のことで、**専門家倫理**のひとつです。

企業所属の専門家は、社内の各部門の利用者や外部の顧客に対して相対的に有利な立場に立てます。また、ソフトウェア開発する際にウイルスを含んだプログラムを作成したり、不正な端末操作によりお金を引き出すことも可能です。このように、専門家がもつスキル、知識、経験を悪用すれば、一般利用者の権利の侵害が容易にでき、その行為が社会に大きな影響を及ぼします。そのため、専門家は一般利用者以上に、強い倫理観をもつように心がける必要があります。

② ユーザ倫理

コンピュータやネットワークを利用する一般の利用者が守るべき倫理のことで、**利用者倫理**ともいわれます。

一般利用者もスキルと知識を習得し経験をつめば、専門家と同じ役割を果たすことが可能です。また、一般利用者は被害者になりやすいと同時に、知識不足ゆえに無意識のうちに**加害者**になりやすい立場にもいます。事件やトラブルを引き起こさないように、一般利用者も十分注意して、コンピュータやネットワークを活用することが大切です。

a．情報利用者が守るべき倫理

情報の利用者、特にコンピュータ関連の利用者が守るべき倫理として、**知的財産の保護**があります。情報には、簡単にコピーすることができ、コピーしても消耗することがないという性質があります。そのため、ソフトウェアなどの知的財産をいかに守るかということが重要です。知的財産を保護する上での注意として、つぎの項目があげられます。

- 違法なコピーをおこなわない
- 海賊版や偽造品の製造・売買などをおこなわない
- ソフトウェアなどを違法に貸し借りしない

また、企業などの組織内で情報を利用する際には、組織に被害を与える可能性がある行為は避けなければいけません。そのためにはつぎに

示すような注意が必要です。
- 企業の機密事項を外部に漏らさない
- 機密資料を外部にもちださない
- サポートされていないソフトウェアを不用意に使用しない

b．ネットワーク利用者が守るべき規範（ネチケット）

ネチケットはネットワーク利用者が守るべき規範のことで、**ネットワークエチケット**の略語です。

- 電子メール利用時のネチケット
    - 名前を名乗る
    - 具体的な件名を付ける
    - 本文は適度な長さにし、読みやすくする
    - ファイルを添付する際は容量が大きくならないよう注意する
    - メールを読む人の立場に立った表現をこころがける
    - 相手の人格を誹謗・中傷するような過激な発言をつつしむ
- ウェブページ（掲示板を含む）利用時のネチケット
    - 他者のウェブページ上のデータを勝手に使用しない
    - 掲示板では、相手の人格を誹謗・中傷するような過激な発言をつつしむ
    - むやみに個人情報を公開しない
    - ウェブページの表現は公明正大をこころがける
    - あいまいな表現や虚偽の情報を提示しない

6.4.4 著作権

（1）著作権とは

産業の発展を目的とする工業所有権とは異なり、**文化の発展**に寄与することを目的とした**知的財産権**のことです。

著作権には、狭義の著作権、商号、半導体集積回路配置権、育成者権などがあります（表6-3）。

① 著作権（著作権法）

表現の保護を対象に制定された法律です。次項(2)で詳しく扱います。

表 6-3 著作権の構成

著作財産権		● 著作権のうち、財産的な利益を保護するもの（譲渡・相続可能）
	複製権	● 著作物の複製をおこなう権利
		● 複製は、印刷・写真、複写、録音、録画などの方法を用いて、具体的なものに著作物を収録すること
		● 著作物の一部であっても、複製権は適用される
	貸与権	● 著作物の複製物を公衆に提供する権利
	公衆送信権	● 著作物を有線、無線を問わずにデータ送信する権利
	翻訳翻案権	● 著作物を翻訳、編曲、変形、翻案する権利
著作者人格権		● 著作権のうち、人格的な利益を保護するもの（譲渡・相続不可）
	公表権	● 著作物の公表をするかしないか、公表するとしたらいつするのかを決定できる権利
	氏名表示権	● 著作物に、実名またはペンネームなどの変名を著作者名として表示するかしないかを決定できる権利
	同一性保持権	● 無断で著作物を修正変更されない権利

② **商号（商法、不正競争防止法）**

商売をおこなう際にもちいる名称のことです。

商標は商品などに対するロゴマークやブランド（商標）で**特許庁**に出願するのに対して、**商号**は**法務局**に届けます。また商標は全国ブランドなど、**全国**が対象となるのに対して、商号は**同一市町村内**でなければ、類似の商品やサービスでない限り、同じ名称が許されます。商号は商法および不正競争防止法で罰則や制限が規定されています。

③ **回路配置利用権（半導体集積回路の回路配置に関する法律）**

半導体集積回路（IC）の回路配置利用の保護を対象にした権利です。
ICの回路素子や導線の配置パターン（回路配置）の適正利用を図ることで、ICの開発を促進し、経済発展に寄与することを目的としています。

④ **育成者権（種苗法）**

植物の**新品種**（花や農産物など）の保護を対象にした権利です。
育成した新品種を登録することで、その登録品種などを独占的・排他的に商業利用することが可能になります。

(2) 著作権への配慮

　知的財産権のうち、文芸、学術、美術、音楽、プログラムなどの表現を保護するために制定された法律で、原則として創作時から著作者の生存中、および死後 **50 年間**存続します[8]。著作権は著作物の創作により発生するため、特許権のように出願による審査をうける必要はありません。著作権と利用者との関係を図 6-13 に示します。

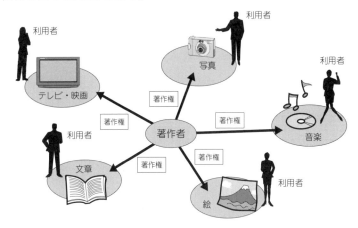

図 6-13　著作権と利用者

　インターネットは、多くの著作物を手に入れたり、複製したりすることを容易にします。そのため、無意識に著作権を侵害してしまう恐れも十分にあり、注意が必要です。たとえば、職場や学校でレポート、論文や報告書を作成するとき、あるいは e ラーニングを利用した教育をするとき、その内容について、**ウェブページ**から引用することがあります。インターネット上の情報は、世界中に公開されている情報のため、著作権が存在していないようにみえます。しかし、文書・画像・映像などの**コンテンツ**には著作権が存在しています。勝手に使用することは、著作権の侵害にあたります。引用する際には、**出所を明示**するなどして、著作権法違反にならないよう注意する必要があります。

---

[8] 映画の場合は死後 70 年間に延長されました。また、文芸・音楽なども死後 70 年間に延長する要請が出されています。

演習問題

1. 情報セキュリティの3要素と、その管理の3要素の名称を答えてください。

2. 情報セキュリティの脅威と脆弱性の関係について端的に答えてください。

3. 情報資産価値を求めるための計算式を答えてください。

4. 情報資産のリスク値を求めるための計算式を答えてください。

5. 情報資産のリスク管理の4つの方法の名称について答えてください。

6. リスクコントロールの4つの方法の名称について答えてください。

7. ユーザ認証の中で高い安全性を確保できる認証の種類と、その具体例について答えてください。

8. ハイブリッド暗号方式の特徴について答えてください。

9. 電子認証における認証局の役割について答えてください。

10. ウェブサイト閲覧のときに不正に他のサイトに接続されて、利用者のデータを送られてしまうセキュリティ違反の名称を答えてください。

11. 情報セキュリティ管理手法のガイドラインとして制定された国際標準の名称を答えてください。

12. 他人の識別符号によるなりすましにより、システムへ侵入する行為を禁止するために制定された法律の名称を答えてください。

13. 発明したものを独占的に生産したり、使用、譲渡、貸与、展示したりできる権利の名称と、その権利の保護期間を答えてください。

14. 著作権のうち譲渡や相続ができる権利の名称について答えてください。

15. 業者によるずさんなデータ管理を防止する目的で、事業者を対象に施行された法律の名称を答えてください。

参考文献

1. 情報と情報の表現
「基礎」
[1]川合慧 編『情報』東京大学出版会, 2006
[2]趙華安『コンピュータとネットワーク概論』共立出版, 2005
[3]森川信男『コンピュータとコミュニケーション』学文社, 2006
「応用」
[1]加藤一郎・他『東京大学公開講座 13 情報』東京大学出版会, 1971
[2]野村由司彦『図解 情報理論入門』コロナ社, 1998
[3]末田清子『コミュニケーション学 その展望と視点』松柏社, 2003

2. コンピュータの技術とハードウェア
「基礎」
[1]小松原実『コンピュータと情報の科学』ムイスリ出版, 2005
[2]TAC編『ここからはじまるコンピュータの世界 基本知識編』TAC出版, 2005
[3]並木秀明『ゼロからわかる デジタル回路超入門』技術評論社, 2007
「応用」
[1]橋本洋志・他『図解コンピュータ概論 ハードウェア』オーム社, 2004
[2]川合慧 監修『情報とコンピューティング』オーム社, 2004
[3]横山保『コンピュータの歴史』中央経済社, 1995

3. ソフトウェアとデータベース
「基礎」
[1]半澤孝雄『はじめて学ぶ情報処理入門』オーム社, 2001
[2]伏見正則『最新 情報システムの開発』実教出版, 2006
[3]高橋栄司・飯室美紀『基礎からのデータベース設計』ソフトバンクパブリッシング, 2002
「応用」
[1]SCS出版局 編『新版アルゴリズムとデータ構造』電子開発学園出版局, 2007
[2]手島歩三・他『概念データモデルによるソフトウェアのダウンサイジング』日本能率協会マネジメントセンター, 1994
[3]大木健一『データベース』アイテック, 2007

4. ネットワーク
「基礎」
[1]三上信男『ネットワーク超入門講座』ソフトバンククリエイティブ, 2010
[2]川崎克巳『Web/ネット技術の基本と常識』秀和システム, 2010
[3]小泉修『Web 大全：図解で理解 進化のすべて』自由国民社, 2007
「応用」
[1]長谷和幸『ネットワーク技術 第 8 版』アイテック, 2008
[2]NTT コミュニケーションズ編『NTT コミュニケーションズ インターネット検定 .com Master ★★2010 公式テキスト』NTT 出版, 2010
[3]山本陽平『Web を支える技術』技術評論社, 2010

5. 情報システムの開発と活用
「基礎」
[1]高橋直久・丸山勝久『ソフトウェア工学』森北出版, 2010
[2]神沼靖子・浦昭二 共編『情報社会を理解するためのキーワード 3：情報システムの企画・設計・運用』培風館, 2003
[3]幡鎌博『e ビジネスの教科書 第 3 版』創成社, 2010
「応用」
[1]北村充晴『上流・下流工程から改善・監査までわかるシステム開発のすべて』日本実業出版社, 2008
[2]情報処理推進機構 編『SEC BOOKS 共通フレーム 2007』オーム社, 2007
[3]手島歩三・他編著『ERP とビジネス改革—統合業務パッケージ活用の誤解と指針』日科技連出版社, 1998

6. セキュリティと情報倫理
「基礎」
[1]相戸浩志『よくわかる最新情報セキュリティの基本と仕組み 第 3 版』秀和システム, 2010
[2]情報処理開発機構 編『情報セキュリティ読本 四訂版』実教出版, 2013
[3]小島正美『インターネット社会の情報リテラシー：情報倫理を学ぶ』ムイスリ出版, 2010
「応用」
[1]情報処理開発機構 編『情報セキュリティ教本 改訂版』実教出版, 2009
[2]森信一・他『セキュリティポリシーの考え方』エスシーシー, 2001
[3]税所哲郎『情報セキュリティ・マネジメントの導入と展開』関東学院大学出版会, 2006

索 引

数字・アルファベット

2 の補数 20
2 進化 10 進法 19
2 進数 14
2 層式 CSS 147
3 層スキーマモデル
　...................124
3 層式 CSS 147
4004 55
8080 55
10BASE2 .....129, 140
10BASE5 139
10BASE-T 140
10 進数 13
16 進数 17
ABC マシン 47
ADSL...............132
A-D 変換 11
ALOHAnet 138
ALU 62
AND 82
Android............136
ANSI 24
ARP.................159
ARPANET 165
ASCII............... 24
ASP.................177
ATA 75
ATM システム 202
au 135
B to B 207
B to C 208
B to E 210
BASIC.......... 76, 106

BCD 19
BD................... 65
BIOS................. 72
C to C 209
CA................... 231
CCD 69
CD 11, 65
CDDI 142
CDMA2000 135
CGI 170
CIDR................ 156
CMP 命令 89
COBOL 104
CODASYL 104
CPU.................. 61
CRC 29
CRT ディスプレイ 70
CSMA/CA 142
CSMA/CD 138
CUI................... 97
C 言語 105
D-A 変換............. 12
DBMS 119, 123
DDL................. 125
DEC 社 79
DHCP 158
DIX イーサネット 1.0
　.................... 139
DML 125
DMZ 225
DN100.............. 80
DNS 159
DOS/V 78
DRAM 57
DSS 194

D-sub25..............73
DVD 65
EC 196
EDI 196
EDPS 194
EDSAC 48
EDVAC.............. 48
EEPROM............59
EIA 73
EIDE 75
ENIAC 47
EPROM.............59
ERP................. 195
ETL Mark Ⅰ 50
EUC 25
e コマース 206
e ジャパン戦略 ..205
e ビジネス 207
e マーケット
　プレイス 207
e ラーニング...... 249
FA 86
Facebook 174
FACOM-100 50
FCS 144
FDD.................65
FDDI 142
FORTRAN......... 104
FTP................. 153
FUJIC 50
G to B 210
G to C 210
GIF 26
GIS 204
GMITS............. 237

Google 172	IPマスカレード 158	MIS 194
GPS..................204	IrDA 75	mixi 174
GUI 95, 98	ISDN................ 133	MODELⅠ 46
HaaS..................178	ISMS 237	MODEM........... 131
HDD 64	ISO 236	MPEG.................27
HSPA................ 135	ISP..................... 158	MUSASINO-1 50
HTML...............169	IT 40	NAND.................82
HTTP 153, 169	ITアーキテクト 116	NAPT 158
HTTPS...............169	ITコンサルタント	NAT 157
IaaS 178	.... 116, 185	NFC 75
IBM PC 77	Java 80, 105	NOR...................83
IBM701 49	JIPDEC 245	NOT....................81
IBM社 45	JISコード 24	NSFnet 166
ICANN 159	JMP命令 89	NTT Docomo 135
ICMP.................151	JPEG...................26	OCR....................69
ICT 40	JPNIC 158	OPAC............... 203
ICカード............224	JPRS 158	OR......................82
ICメモリ 57	JR旅客販売総合	OS 94
ID 119	システム........ 202	OSI基本参照モデル
IDE 75	JUNET 166	 148
IEEE1394 74	JVM................... 106	OSPF 151
IEEE754規格....... 23	LAN 129	PaaS 178
IEEE802.3 139	LGPKI................ 205	PCS....................45
IEEE802.11.........142	LGWAN............. 205	PDP 79
IETF...................161	Linux 94	Perl 107
INS64.................133	LRC 28	PHP 107
Internet...............165	LSI 54	PHS................... 134
iOS....................136	LTE 135	PNG...................26
IOT 179	LTOテープドライブ	POP3................. 153
IP 150	66	POSシステム 198
iPad...................136	MACアドレス	PPP................... 150
iPhone 136	.... 144, 159	PPPoE 150
iPod...................136	MACフレーム ... 144	PROM 59
IPv4...................161	MARKⅠ 46	RAM...................57
IPv6.....160, 161, 164	MARS................ 202	RGB方式.............25
IPアドレス 154	MC6800.............. 55	RIP.................... 151
IPデータグラム 151	ME 55	ROM 58

RS-232C 73	WAN 128	アナログネットワーク 131
Ruby 107	W-CDMA 135	
SaaS 178	Web2.0............. 173	アナログ-ディジタル変換 11
SAS 74	WEP 143	
SATA 74	Whirlwind 49	アナログ量 9
SD メモリカード 67	WiFi 144	アプリケーション 98, 149
	Wikipedia 176	
SE 115	Windows 94	アプリケーション層 149, 153
SIM カード 135	WPA 143	
SIS 195	WS 79	アプリケーションソフトウェア ...98
SMTP 153	WWW 166	
SNA 147	XML 169	アポロ・コンピュータ社 80
SNS 34, 174	XOR 83	
SQL 123	Yahoo! 172	アマゾン 209
SQL インジェクション 235	YouTube 176	誤り検出 28
	Z80 55	アラン・ケイ 79
SRAM 58	**あ**	アルゴリズム 89, 99
SSD 67	アーパネット 165	
SSID 143	アクセス管理 224	アルテア 76
STS 分割手法 111	アクセス権の設定 226	アルト 78, 79, 139
TAC 51		アルファ 79
TCP 152	アクセス制御 225	アロハネット 138
TCP/IP 149	アクセス制御方式 142	暗号化 227
Telnet 153		暗号解読機械 52
TIFF 26	アクセス制限 226	暗号かぎ 227
twitter 174	アセンブラ 108	暗号化技術 227
UDP 152	アセンブリ言語 86, 103	暗証番号 224
Unicode 25		イーサネット 139
UNIVAC-Ⅰ 49	アタナソフ・ベリー・コンピュータ 47	育成者権 248
UNIX 94		移行段階 189
URL 168		意思決定支援システム 194
USB 67, 73	アッド命令 86	
UV-EPROM 59	アップルⅡ 76	意匠権 244
VAX 79	アドレス解決 159	移動体ネットワーク 134
VisualBasic 107	アドレスプロトコル変換 164	
VPN 134, 171		イメージスキャナ 70
WAF 225	アナログ 9	

インクジェット
　プリンタ 71
インスタンス 114
インターネット
　............... 164, 165
インターネットエク
　スプローラ 166
インターネット層
　..................... 150
インターネット
　ワーキング 164
インタフェース ID
　............... 161, 163
インタプリタ 108
インタプリタ言語
　..................... 106
インテル社 54
イントラネット
　............... 34, 170
インフォメーション
　......................... 3
ウィリアムス-キル
　バーン管 56
ウィルクス 48
ウイルス 232
ウェブサーバ 169
ウェブページ 169
ウェブページ閲覧
　システム 166
ウォータフォール
　モデル 186
運用・保守 189
運用管理者 115
エイケン 46
液晶ディスプレイ 70
エクストラネット
　............... 34, 171

エッカート 47
エドガー・ダイクス
　トラ 112
エニーキャストアド
　レス 162
演算装置 62
エントロピー 30
応用ソフトウェア 98
応用倫理 240
オートマトン 51
岡崎文次 50
オクテット 144
音の表現 25
オブジェクト指向プ
　ログラミング技法
　..................... 113
オブジェクト指向
　プログラム 79
オブジェクトプログ
　ラム 108
オペレータ 115
オペレーティング
　システム 93
親クラス 114
オンライン蔵書検索
　システム 203

か

カーナビ 204
会計管理システム
　..................... 199
階差機関 44
解析機関 44
回線交換方式 137
階層型データモデル
　..................... 117
階層型プロトコル
　..................... 147

解像度 25
概念スキーマ 125
外部スキーマ 125
外部設計 187
開放型システム間
　相互接続基本参照
　モデル 148
解法手順 99
概要設計書 188
回路配置利用権
　..................... 248
確率 29
加算器 84
カスタマー
　エンジニア 115
霞が関 WAN 205
画素 25
仮想私設網 134
画像の表現 25
カプセル化 113
可用性 221
関数 114
感染原因 233
完全性 221
感染予防策 233
管理会計システム
　..................... 199
キーボード 68
記憶装置 63
記憶素子 56
機械語 86, 103
機械的メディア ... 36
企業間取引 167
企業-従業員間取引
　..................... 210
企業-消費者間取引
　..................... 208

企業ポータル
　システム 202
基数 13
揮発性 57
基本構想...........191
基本ソフトウェア 93
機密性...............221
キャッシュメモリ 58
脅威 217
行政機関・自治体-
　企業間取引.....210
行政機関・自治体-
　市民間取引.....210
共通アプリケーショ
　ン 98
共通かぎ暗号方式
　......................227
組み込みソフトウェ
　ア 98
クライアント.....146
クライアントサーバ
　システム 146
位取り記法 13
クラウドコンピュー
　ティング 177
クラス...............114
クラスフルアドレス
　......................154
クラスレスアドレス
　......................155
グラフィカルユーザ
　インタフェース
　........................ 95
クリック＆モルタル
　......................212
グループウェア
　.............. 34, 170

グループメディア
　........................ 34
クロード・シャノン
　.......................... 2
グローバルアドレス
　...................... 157
グローバル識別子
　...................... 162
クロスサイトスクリ
　プティング 233
経営情報システム
　...................... 194
計算尺 10, 42
継承 114
係数 13
携帯電話 134
経路選択 151
結合テスト........ 189
ケン・トンプソン
　........................ 94
現金自動預け払い機
　...................... 202
言語プロセッサ 108
言語メディア 32
現示的メディア ... 35
コアメモリ 56
広域ネットワーク
　...................... 128
公開かぎ暗号方式
　...................... 228
光学式文字読み取り
　装置 69
交換機 130, 137
交換方式 137
工業社会 192
工業所有権........ 243
公衆回線網........ 133

高水準言語 104
構造化設計 110
構造化プログラミン
　グ技法 112
高度情報化社会 192
構内ネットワーク
　......................129
購買・在庫管理
　システム 196
コーデック 26
ゴードン・ムーア 54
国際標準化機構 148
子クラス 114
個人情報保護法
　............. 239, 245
コネクションレス型
　プロトコル.....152
個別アプリケーショ
　ン 99
個別性................ 6
コミュニケーション
　........................31
コミュニケーション
　のメディア........32
コロッサス 52
コンパイラ 104, 108
コンパイラ言語
　......................104
コンパクト
　フラッシュ........67
コンピュータ.......42
コンピュータ
　ウイルス 232
コンピュータネット
　ワーク 128

さ

サーバ...............146

258　索引

サーバサイド Java 106
サービスプログラム 97
再現的メディア ... 35
サイバネティックス 2
財務会計システム 199
ザイログ社 55
サブシステム 191
サブネット ID 162
サブネットワーク 155
サブネットマスク 155
サブルーチン 113
サン・マイクロシステムズ社 .. 80, 106
産業財産権 243
ジェリー・ヤン 172
磁気カード 224
磁気ディスク装置 63
磁気テープ装置 49, 66
磁気ドラム 56
識別子 119
嗜好性 211
試作品 190
システム 41, 182
システムアドミニストレータ 115
システムエンジニア 115
システム開発 115, 182

システム構想書 185, 187
システム要件定義 187
自然科学 2
四則演算 62
実行 86
実数の表現 22
実店舗 212
実用新案権 243
自動機械 51
自動計算機 44
自動算盤 43
シフト JIS 漢字コード 24
嶋正利 54
ジャクソン法 111
ジャック・ギルビー 53
住基ネット 205
集積回路 53
集線装置 130
住民基本台帳ネットワークシステム 205
主キー 121
主記憶装置 63
出力装置 70
手動計算機 43
種苗法 248
巡回冗長検査方式 29
ジョイスティック 69
商号 248
小数 15, 16
消費者間取引 209
商標権 244

情報 3, 8
情報科学 2
情報格差 6
情報化社会 192
情報技術 40
情報資産 221
情報システム 5, 41, 182, 192
情報社会 192
情報セキュリティ 216
情報セキュリティポリシー 218
情報セキュリティマネジメント 220
情報通信技術.......40
情報の意味 4
情報の概念 3
情報の活用 242
情報の語源 3
情報の生産 241
情報の性質 6
情報の蓄積 241
情報の廃棄 242
情報の表現 29
情報の量的側面 ...29
情報量................29
情報理論 2
情報倫理 239, 240
ショックレー 53
ジョン・バッカス 104
シリアルインタフェース 72
シリンダ 64
シンクライアント 242

人事管理システム
　..................198
真正性............216
信頼性............217
水銀遅延線.........56
スイッチングハブ
　..................145
数値の表記法......13
スキーマ...........124
スキーム...........158
スクリプト言語 107
スター型...........130
スティーブ・ウォズ
　ニアック.........76
スティーブ・ジョブ
　ズ..................76
スパイラルモデル
　..................191
スマートフォン
　..................136
スマートメディア
　....................67
スモールトーク...79
正規化..............120
制御装置...........62
生産管理システム
　..................197
脆弱性............217
整数の表現.........20
生体認証..........224
責任追跡性........217
セキュリティ.....216
セキュリティホール
　..................234
セクタ..............64
セッション層.....149
接続形態...........129

セルゲイ・ブリン
　..................172
ゼロックス社......79
全加算器............86
全銀システム....164
選択情報量.........30
全米科学財団....166
専門家倫理.......246
専用回線網.......133
戦略的情報システム
　..................195
総合行政
　ネットワーク 205
総合テスト........189
相対性..............6
ソースプログラム
　............108, 188
ソート.............100
ゾーン 10 進数表記
　....................22
属性...............113
組織間ネットワーク
　..................171
組織内ネットワーク
　..................170
組織のメディア...34
ソフトウェア 60, 92
ソフトウェアエンジ
　ニア.............115
ソフトウェアエンジ
　ニアリング....115
ソフトウェア開発
　技術者..........115
ソフトウェア関連
　技術者..........115
ソフトウェア工学
　..................115

ソフトウェア要件定
　義...............187
ソフトバンクモバイ
　ル...............135
ソロバン...........42

た

ダイナブック......79
タグ................169
多態性.............114
タッチスクリーン69
タッチパネル......69
タブレット.........69
タブレット型端末
　..................136
チェックサム......28
蓄積交換方式....137
知識.................8
知識産業............8
知的財産権.......243
チャネル............32
中央処理装置......61
中間認証局.......232
チューリング......51
著作権.............247
地理情報システム
　..................204
ツイッター.......174
通信規約..........147
通信ネットワーク
　..................128
通信プロトコル
　..................147
ディジタイザ......69
ディジタル.........10
ディジタル−
　アナログ変換...12
ディジタル回路...84

ディジタルカメラ 69
ディジタル署名 229
ディジタルネットワーク 133
ディジタルディバイド 6
ディジタル量 10
低水準言語 103
ディスプレイ 70
ティム・オライリー 173
ティム・バーナーズリー 166
ディレクトリ名 168
データ 7
データ構造 102
データ処理 194
データ操作言語 125
データベース 9, 116
データベース管理システム 119, 123
データベース言語 123
データモデル 117
データリンク層 148
テキサス・インスツルメンツ社 53
デコード 87
デジュアスタンダード 148
テスト 189
デニス・リッチー 94, 105
デバイスドライバ 72

デビッド・ファイロ 172
デファクトスタンダード 149
デフォルトゲートウェイ 160
テルネット 153
電気通信事業者 129
電子計算機 47
電子自治体 205
電子商取引 196, 206
電子証明書 230
電子署名 229
電子政府 205
電子データ交換 207
電子データ処理システム 194
電子秤 11
電子メール 33
伝送信号 131
伝達性 6
電話網 128
動画共有サービス 175
統合業務システム 200
トークンパッシング 141
トークンリング 141
特許権 243
ドットインパクトプリンタ 71
ドメイン名 158
トラック 64
トラックボール ... 68
トランザクション分割手法 111

トランジスタ 53
トランスポート層 148, 152

な

内部スキーマ 125
内部設計 188
名前解決 159
なりすまし 35
ナンバーポータビリティ 135
ニーモニック表記 86, 103
ニコニコ動画 176
日本情報処理開発協会 245
入出力インタフェース 72
入力装置 68
人間の情報処理 5
認証局 231
ネゲントロピー ... 30
ネチケット 241, 247
ネットオークション 209
ネット詐欺 213
ネット市場 167
ネットショッピング 167, 208
ネット書店 209
ネットスケープ 166
ネット取引 206
ネットワーク 128
ネットワークアーキテクチャ 147
ネットワークアドレス 155

ネットワークインタ
　フェース層.....150
ネットワーク型
　データモデル　118
ネットワーク
　システム........205
ネットワーク層　148
ノイマン方式.......52
ノード................128
ノバート・ウィナー
　.........................2

は

バーコードリーダ
　..........................70
パーソナル
　コンピュータ...77
パーソナルメディア
　..........................33
ハードウェア
　..................60, 92
ハードウェアの構成
　要素...............60
ハードディスク装置
　..........................63
バーンズ・アンド・
　ノーブル........212
バイオメトリクス
　認証................224
排他的論理和........83
バイト..................14
売買トラブル.....211
ハイブリッド暗号
　方式................228
パケット交換方式
　.........................138
バス型................129
パスカリーヌ......43

パスカル..............43
パスワード........224
パスワードクラック
　.........................234
パソコン........76, 77
パターン................4
パック10進数表記
　...........................21
ハッシュ関数....230
バッファオーバー
　フロー............235
ハブ...................130
パブリッククラウド
　.........................179
バブルソート....100
バベッジ..............44
パラメトロン......50
パリティチェック28
パロアルト研究所
　..........................78
半加算器..............84
搬送波感知多重アク
　セス/衝突検出方
　式....................138
半導体メモリ......57
販売管理システム
　.........................197
非移転性................6
光磁気ディスク装置
　..........................66
光ネットワーク　133
光ディスク装置...65
光ファイバケーブル
　.........................133
非言語メディア...35
ビジコン..............54
非視認性............212

ビジネスモデル特許
　.........................244
非消耗性................6
非正規形............120
非対称ディジタル
　加入者回線.....132
ビット..................14
ビットマップ......26
否定......................81
否定論理積..........82
否定論理和..........82
非武装地帯.......225
誹謗中傷............211
秘密かぎ暗号方式
　.........................227
平文...................227
ビン・サーフ.....165
ファイアウォール
　.........................225
フィッシング.....235
ブートプログラム72
ブール代数..........81
フェイスブック　174
フェッチ..............87
フォーマット化...64
不揮発性..............58
復号かぎ...........227
複合キー...........121
復調機能............132
不正競争防止法　238
物理層...............148
浮動小数点表記...22
プライバシー.....245
プライベート
　アドレス........157
プライベート
　クラウド........179

ブラウザ.....166, 167
フラグレジスタ... 88
フラッシュメモリ
　.................59, 67
ブリック＆モルタル
　.....................212
プリフィックス　161
プリンタ............ 71
ブルートゥース... 75
ブルーレイディスク
　..................... 65
ブレードサーバ... 80
プレゼンテーション
　層 149
フローチャート
　.....................101
ブロードキャスト
　.....................159
ブロードキャストア
　ドレス 156
ブログ........ 33, 174
プログラマ 115
プログラミング
　........ 89, 102, 188
プログラミング言語
　.....................103
プログラム .. 89, 102
プログラム設計
　　　　　　 188
プログラム内蔵方式
　.................48, 52
フロッピーディスク
　装置................ 63
プロトタイピング
　モデル............190
プロフェッショナル
　倫理...............246

分散型コンピュータ
　ネットワークシス
　テム 146
平均情報量.........30
米国電子工業会 ...73
並列コンピューティ
　ング 80
ヘッダ 138
ベル研究所
　........... 46, 53, 94
遍在 7
偏在性 6
変調機能 131
変復調装置........ 131
ポインティング
　デバイス.......... 68
ポータルサイト　171
ポートスキャン
　.................... 235
ポート番号 152, 158
補助記憶装置 63
ホストアドレス　156
ホスト名 158
ボット 235
ボトムアップ 191
ポリモルフィズム
　................... 114
ホレリス 45

ま

マーク・アンドリー
　セン 166
マークアップ言語
　.................... 169
マイクロ VAX......79
マイクロエレクトロ
　ニクス 55
マイクロブログ　174

マイクロプロセッサ
　..................... 54
マイコン 76
マウス 68
マシン語 103
マスク ROM........58
マスコミュニケーシ
　ョン 35
マスメディア.......35
マッキントッシュ
　......................77
マッハルプ 8
マルス 202
マルチキャスト
　アドレス
　　155, 156, 161, 163
ミクシー 174
みどりの窓口.....202
ミドルウェア.......99
ムーアの法則......54
ムーブ命令..........88
無線 LAN.... 129, 142
無線通信 75
命令語................86
メインメモリ
　..............58, 62
メソッド 113
メッセージ 31
メッセージ交換方式
　.................... 137
メディア 32
メトリック.......151
メモリ.......... 57, 58
メモリカード.......67
モークリー 47
モザイク 166
文字の表現.........24

モジュール 110
モジュール化 113
モジュール分割
　.................110
モデム 131
モトローラ社 55
モバイル 134
モバイル
　ネットワーク　134
森鷗外 3

や

ヤフー・
　ショッピング　209
ユーザ認証 224
ユーザ倫理 246
ユーティリティ ...97
ユニキャストアドレ
　ス 161
ユビキタス 7

ら

ライプニッツ 43
楽天市場 209
ラリー・ペイジ
　.................172

リーナス・
　トーバルズ 94
リスク管理 223
リスクコントロール
　.................. 223
リピータ 145
リポジトリ 232
量子化 11
量子コンピュータ 81
利用者倫理 246
リレー式計算機 ... 46
リレーショナルデー
　タモデル........ 118
リンカ 109
リンク 128
リング型 130
倫理 239
ルータ 146
ルーティング
　............. 151, 160
ルート認証局 232
ループバックアドレ
　ス 157
レイヤ 147
レーザプリンタ ... 71

レミントンランド社
　.................49
ロバート・カーン
　.................165
ロバート・ノイス
　.................53
ロバート・
　メトカーフ 139
論理演算 62, 81
論理回路 81, 83
論理記号 81
論理式 81
論理積 82
論理和 82

わ

ワークステーション
　.................79
ワーニエ法 112
ワーム 235
ワンタイム PROM 59
ワンタイム
　パスワード 224

著者紹介

伊東 俊彦（いとう としひこ）

昭和 44 年	武蔵工業大学工学部電気通信工学科卒業
昭和 44 年より、	日本 NCR(株)、日本 DEC(株)、コンパックコンピュータ(株)勤務を経て
平成 11 年	学習院大学経済学部特別客員教授
平成 13 年	青山学院大学大学院国際政治経済学研究科修士課程修了
平成 15 年	愛知淑徳大学ビジネス学部教授
平成 16 年	横浜国立大学大学院国際社会科学研究科博士後期課程修了 学位（経営学博士）
平成 17 年	東北大学大学院経済学研究科教授（平成 22 年定年退官）
現　在	各大学・大学院非常勤講師（経営情報論、ネットワーク、システム設計、システム運用、情報セキュリティ、経営工学 など担当）
研究分野	イノベーションと組織構造、リスク管理、情報システム管理、プロジェクトマネジメント、e ラーニング など
主な著書	『情報リテラシー応用』（共著）、近代科学社 『情報社会を理解するためのキーワード 3 -情報システムの企画・設計・開発・運用-』（共著）、培風館 『e ラーニング実践法 -サイバーアライアンスの世界-』（共著）、オーム社 『プロジェクトマネジャー・リファレンスブック』（共著）、日刊工業新聞社 『日中オフショアビジネスの展開』（共著）、同友館 『情報科学入門[第 2 版]』（単著）ムイスリ出版 など
所属学会	経営情報学会 など

©2015

2015 年 2 月 23 日　　　　　　　　初 版　第 1 刷発行

情報科学基礎 ―コンピュータとネットワークの基本―

著　者　伊東俊彦
発行者　橋本豪夫
発行所　ムイスリ出版株式会社

〒169-0073
東京都新宿区百人町 1-12-18
Tel.03-3362-9241(代表)　Fax.03-3362-9145
振替 00110-2-102907

カバーデザイン：株式会社エスツー デザイン部

ISBN978-4-89641-235-2　C3055